现代水利工程施工技术

张建军　王忠义　张子君◎著

吉林科学技术出版社

图书在版编目（CIP）数据

现代水利工程施工技术 / 张建军，王忠义，张子君著. -- 长春 : 吉林科学技术出版社，2023.3

ISBN 978-7-5744-0245-4

Ⅰ. ①现… Ⅱ. ①张… ②王… ③张… Ⅲ. ①水利工程－工程施工 Ⅳ. ①TV52

中国国家版本馆 CIP 数据核字(2023)第 062076 号

现代水利工程施工技术

作　　者　张建军　王忠义　张子君
出 版 人　宛　霞
责任编辑　管思梦
幅面尺寸　185㎜×260㎜
开　　本　16
字　　数　302 千字
印　　张　13.25
版　　次　2023 年 3 月第 1 版
印　　次　2023 年 3 月第 1 次印刷

出　　版　吉林科学技术出版社
发　　行　吉林科学技术出版社
地　　址　长春市净月区福祉大路 5788 号
邮　　编　130118
发行部电话/传真　0431-81629529　81629530　81629531
　　　　　　　　81629532　81629533　81629534
储运部电话　0431-86059116
编辑部电话　0431-81629518
印　　刷　北京四海锦诚印刷技术有限公司

书　　号　ISBN 978-7-5744-0245-4
定　　价　80.00 元

前　言

水利工程施工是按照设计提出的工程结构、数量、质量、进度及造价等要求修建水利工程的工作。水利工程的运用、操作、维修和保护工作，是水利工程管理的重要组成部分，水利工程建成后，必须通过有效的管理，才能实现预期的效果和验证原来规划、设计的正确性。工程管理的基本任务是保持工程建筑物和设备的完整、安全，使其处于良好的技术状况，正确运用水利工程设备，以控制、调节、分配、使用水资源，充分发挥其防洪、灌溉、供水、排水、发电，航运、环境保护等效益。做好水利工程的施工与管理是发挥工程功能的鸟之两翼、车之双轮。

水利工程施工技术的内容非常丰富，近几十年来，我国水利工程施工技术发展非常快。由于受篇幅限制，本书不可能面面俱到，根据二级建造师的工作特点和山东省的实际情况，本书精选了工程中常用的施工技术。

本书主要研究现代水利工程施工技术，从水利工程施工组织入手，针对水利工程施工中涉及比较普遍的爆破工程、地基处理、土石方工程、混凝土工程等施工技术进行较全面的介绍。另外，本书也对隧洞工程中的全断面隧道掘进机法（TBM）的新技术进行了介绍，还对水利工程测量技术进行了说明。本书既可作为施工企业安全生产管理人员继续教育用书，也可作为建设单位、监理单位和水利水电工程建设类大中专院校的参考用书。

本书在撰写过程中，参考和引用了大量的教材、专著和其他资料，在此谨向这些文献的作者表示衷心的感谢。由于时间仓促，作者水平有限，缺点和错误在所难免，恳请广大读者批评指正。

目 录

第一章　水利工程施工组织

第一节　水利工程建设项目概述

一、现代建设工程项目管理的特征

（一）内容更加丰富

现代建设工程项目管理内容由原来对项目范围、费用、质量和采购等方面的管理，扩展到对项目的合同管理、人力资源管理、项目组织管理、沟通协调管理、项目风险管理和信息管理等。

（二）强调整体管理

从前期的项目决策、项目计划、实施和变更控制到项目的竣工验收与运营，涵盖了建设工程项目寿命周期的全过程。

（三）管理技术更加科学

现代建设项目管理从管理技术手段上，更加依赖计算机技术和互联网技术，更加及时地吸收工程技术进步与管理方法创新的最新成果。

（四）应用范围更广泛

建设工程项目管理的应用已经从传统的土木工程、军事方面扩展到航空航天、环境工程、公用工程、各类企业研发工程以及资源性开发项目和政府投资的文教、卫生、社会事业等工程项目管理领域。

二、建设项目管理趋势

随着人类社会在经济、技术、社会和文化等各方面的发展，建设工程项目管理理论与知识体系的逐渐完善，进入21世纪以后，在工程项目管理方面出现了以下新的发展趋势：

（一）建设工程项目管理的国际化

随着经济全球化的逐步深入，工程项目管理的国际化已经形成潮流。工程项目的国际化要求项目按国际惯例进行管理。按国际惯例，就是依照国际通用的项目管理程序、准则与方法，以及统一的文件形式进行项目管理，使参与项目的各方（不同国家、不同种族、不同文化背景的人及组织）在项目实施中建立起统一的协调基础。

我国加入WTO后，我国的行业壁垒下降，国内市场国际化，国内外市场全面融合，外国工程公司利用其在资本、技术、管理、人才、服务等方面的优势进入我国国内市场，尤其是工程总承包市场，国内建设市场竞争日趋激烈。工程建设市场的国际化必然导致工程项目管理的国际化，这对我国工程管理的发展既是机遇也是挑战。一方面，随着我国改革开放的步伐加快，我国经济日益深刻地融入全球市场，我国的跨国公司和跨国项目越来越多。许多大型项目要通过国际招标、国际咨询或BOT等方式运行。这样做不仅可以从国际市场上筹措到资金，加快国内基础设施、能源交通等重大项目的建设，而且可以从国际合作项目中学习到发达国家工程项目管理的先进管理制度与方法。另一方面，入世后根据最惠国待遇和国民待遇准则，我国将获得更多的机会，并能更加容易地进入国际市场。加入WTO后，作为一名成员国，我国的工程建设企业可以与其他成员国企业拥有同等的权利，并享有同等的关税减免待遇，将有更多的国内工程公司从事国际工程承包，并逐步过渡到工程项目自由经营。国内企业可以走出国门在海外投资和经营项目，也可在海外工程建设市场上竞争，锻炼队伍培养人才。

（二）建设工程项目管理的信息化

伴随着计算机和互联网走进人们的工作与生活，以及知识经济时代的到来，工程项目管理的信息化已成必然趋势。作为当今更新速度最快的计算机技术和网络技术，在企业经营管理中普及应用的速度迅猛，而且呈现加速发展的态势。这给项目管理带来很多新的生机，在信息高度膨胀的今天，工程项目管理越来越依赖计算机和网络，无论是工程项目的预算、概算、工程的招标与投标、工程施工图设计、项目的进度与费用管理、工程的质量管理、施工过程的变更管理、合同管理，还是项目竣工决算都离不开计算机与互联网，工程项目的信息化已成为提高项目管理水平的重要手段。目前，西方发达国家的一些项目管理公司已经在工程项目管理中运用了计算机与网络技术，开始实现了项目管理网络化、虚拟化。另外，许多项目管理公司也开始大量使用工程项目管理软件进行项目管理，同时，还从事项目管理软件的开发研究工作。为此，21世纪的工程项目管理将更多地依靠计算机技术和网络技术，新世纪的工程项目管理必将成为信息化管理。

（三）建设工程项目全寿命周期管理

建设工程项目全寿命周期管理就是运用工程项目管理的系统方法、模型、工具等对工程项目相关资源进行系统的集成，对建设工程项目寿命期内各项工作进行有效的整合，并达成工程项目目标和实现投资效益最大化的过程。

建设工程项目全寿命周期管理是将项目决策阶段的开发管理，实施阶段的项目管理和使用阶段的设施管理集成为一个完整的项目全寿命周期管理系统，是对工程项目实施全过程的统一管理，使其在功能上满足设计需求，在经济上可行，达到业主和投资人的投资收益目标。所谓项目全寿命周期是指从项目前期策划、项目目标确定，直至项目终止、临时设施拆除的全部时间年限。建设工程项目全寿命周期管理既要合理确定目标、范围、规模、建筑标准等，又要使项目在既定的建设期限内、在规划的投资范围内，保质保量地完成建设任务，确保所建设的工程项目满足投资商、项目的经营者和最终用户的要求，还要在项目运营期间，对永久设施物业进行维护管理、经营管理，使工程项目尽可能创造最大的经济效益。这种管理方式是工程项目更加面对市场，直接为业主和投资人服务的集中体现。

（四）建设工程项目管理专业化

现代工程项目投资规模大、应用技术复杂、涉及领域多、工程范围广泛的特点，带来了工程项目管理的复杂性和多变性，对工程项目管理过程提出了更新更高的要求。因此，专业化的项目管理者或管理组织应运而生。在项目管理专业人士方面，通过 IPMP（国际项目管理专业资质认证）和 PMP（国际资格认证）认证考试的专业人员就是一种形式。在我国工程项目领域的执业咨询工程师、监理工程师、造价工程师、建造师，以及在设计过程中的建设工程师、结构工程师等，都是工程项目管理人才专业化的形式。而专业化的项目管理组织——工程项目（管理）公司是国际工程建设界普遍采用的一种形式。除此之外，工程咨询公司、工程监理公司、工程设计公司等也是专业化组织的体现。可以预见，随着工程项目管理制度与方法的发展，工程管理的专业化水平还会有更大的提高。

第二节 施工项目管理

一、建立施工项目管理组织

①由企业采用适当的方式选聘称职的施工项目经理。

②根据施工项目组织原则，选用适当的组织形式，组建施工项目管理机构，明确责任、权利和义务。

③在遵守企业规章制度的前提下，根据施工项目管理的需要，制定施工项目管理制度。

项目经理作为企业法人代表的代理人，对工程项目施工全面负责，一般不准兼管其他工程，当其负责管理的施工项目临近竣工阶段且经建设单位同意，可以兼任另一项工程的项目管理工作。项目经理通常由企业法人代表委派或组织招聘等方式确定。项目经理与企业法人代表之间需要签订工程承包管理合同，明确工程的工期、质量、成本、利润等指标要求和双方的责、权、利以及合同中止处理、违约处罚等项内容。

项目经理以及各有关业务人员组成、人数根据工程规模大小而定。各成员由项目经理聘任或推荐确定，其中技术、经济、财务主要负责人须经企业法人代表或其授权部门同意。项目领导班子成员除了直接受项目经理领导，实施项目管理方案外，还要按照企业规章制度接受企业主管职能部门的业务监督和指导。

项目经理应有一定的职责，如贯彻执行国家和地方的法律法规，严格遵守财经制度、加强成本核算，签订和履行“项目管理目标责任书”，对工程项目施工进行有效控制，等等。项目经理应有一定的权力，如参与投标和签订施工合同，用人决策权，财务决策权，进度计划控制权，技术质量决定权，物资采购管理权，现场管理协调权，等等。项目经理还应获得一定的利益，如物质奖励及表彰等。

二、项目经理的地位

项目经理是项目管理实施阶段全面负责的管理者，在整个施工活动中有举足轻重的地位。确定施工项目经理的地位是搞好施工项目管理的关键。

①从企业内部看，项目经理是施工项目实施过程中所有工作的总负责人，是项目管理的第一责任人。从对外方面来看，项目经理代表企业法定代表人在授权范围内对建设单位直接负责。由此可见，项目经理既要对有关建设单位的成果性目标负责，又要对建筑业企业的效益性目标负责。

②项目经理是协调各方面关系，使之相互紧密协作与配合的桥梁与纽带。要承担合同责任、履行合同义务、执行合同条款、处理合同纠纷、受法律的约束和保护。

③项目经理是各种信息的集散中心。通过各种方式和渠道收集有关的信息，并运用这些信息，达到控制的目的，使项目获得成功。

④项目经理是施工项目责、权、利的主体。这是因为项目经理是项目中人、财、物、技术、信息和管理等所有生产要素的管理人。项目经理首先是项目的责任主体，是实现项

目目标的最高责任者。责任是实现项目经理责任制的核心，它构成了项目经理工作的压力，也是确定项目经理权力和利益的依据。其次，项目经理必须是项目的权力主体。权力是确保项目经理能够承担起责任的条件和手段。如果不具备必要的权力，项目经理就无法对工作负责。项目经理还必须是项目利益的主体。利益是项目经理工作的动力。如果没有一定的利益，项目经理就不愿负相应的责任，难以处理好国家、企业和职工的利益关系。

三、项目经理的任职要求

项目经理的任职要求包括执业资格的要求、知识方面的要求、能力方面的要求和素质方面的要求。

（一）执业资格的要求

根据建设部《建筑施工企业项目经理资质管理办法》（建字〔1995〕1号）的规定，项目经理要经过有关部门培训、考核和注册，获得《全国建筑施工企业项目经理培训合格证》或《建筑施工企业项目经理资质证书》才能上岗。

项目经理的资质分为一、二、三、四级。其中：

①一级项目经理应担任过一个一级建筑施工企业资质标准要求的工程项目，或两个二级建筑施工企业资质标准要求的工程项目施工管理工作的主要负责人，并已取得国家认可的高级或者中级专业技术职称。

②二级项目经理应担任过两个工程项目，其中，至少一个为二级建筑施工企业资质标准要求的工程项目施工管理工作的主要负责人，并已取得国家认可的中级或初级专业技术职称。

③三级项目经理应担任过两个工程项目，其中，至少一个为三级建筑施工企业资质标准要求的工程项目施工管理工作的主要负责人，并已取得国家认可的中级或初级专业技术职称。

④四级项目经理应担任过两个工程项目，其中，至少一个为四级建筑施工企业资质标准要求的工程项目施工管理工作的主要负责人，并已取得国家认可的初级专业技术职称。

项目经理承担的工程规模应符合相应的项目经理资质等级。一级项目经理可承担一级资质建筑施工企业营业范围内的工程项目管理；二级项目经理可承担二级以下（含二级）建筑施工企业营业范围内的工程项目管理；三级工级项目经理可承担三级以下（含三级）建筑企业营业范围内的工程项目管理；四级项目经理可承担四级建筑施工企业营业范围内的工程项目管理。

项目经理每两年接受一次项目资质管理部门的复查。项目经理达到上一个资质等级条件的，可随时提出升级的要求。

根据建设部《关于建筑业企业项目经理资质管理制度向建造师执业资格制度过渡有关问题的通知》（建字86号）的规定，关于“取消建筑施工企业项目经理资质核准，由注册建造师代替，并设立过渡期”的规定之日起，至2008年2月27日止，为项目经理资质管理制度向建造师执业资格制度过渡的五年过渡期。

在过渡期内，大、中型工程项目施工的项目经理逐渐由取得建造师执业资格人员担任，小型工程项目施工的项目经理可由原三级项目经理资质的人员担任。即在过渡期内，凡持有项目经理资质证书或建造师注册证书的人员，经企业聘用均可担任工程项目施工的项目经理。过渡期满后，大、中型工程项目施工的项目经理必须由取得建造师注册证书的人员担任。取得建造师执业资格的人员是否能聘用为项目经理由企业来决定。

（二）知识方面的要求

通常项目经理应接受过大专、中专以上相关专业的教育，必须具备专业知识，如土木工程专业或其他专业工程方面的专业，一般应是某个专业工程方面的专家，否则很难被人们接受或很难开展工作。项目经理还应受过项目管理方面的专门培训或再教育，掌握项目管理的知识。作为项目经理需要的广博的知识，能迅速解决工程项目实施过程中遇到的各种问题。

（三）能力方面的要求

项目经理应具备以下几方面的能力：

①必须具有一定的施工实践经历和按规定经过一段时间锻炼，特别是对同类项目有成功的经历。对项目工作有成熟的判断能力、思维能力和随机应变的能力。

②具有很强的沟通能力、激励能力和处理人事关系的能力，项目经理要靠领导艺术、影响力和说服力而不是靠权力和命令行事。

③有较强的组织管理能力和协调能力。能协调好各方面的关系，能处理好与业主的关系。

④有较强的语言表达能力，有谈判技巧。

⑤在工作中能发现问题，提出问题，能够从容地处理紧急情况。

（四）素质方面的要求

①项目经理应注重工程项目对社会的贡献和历史作用。在工作中能注重社会公德，保证社会的利益，严守法律和规章制度。

②项目经理必须具有良好的职业道德，将用户的利益放在第一位，不牟私利，必须有

工作的积极性、热情和敬业精神。

③具有创新精神、务实态度，勇于挑战，勇于决策，勇于承担责任和风险。

④敢于承担责任，特别是有敢于承担错误的勇气，言行一致，正直，办事公正、公平，实事求是。

⑤能承担艰苦的工作，任劳任怨，忠于职守。

⑥具有合作的精神，能与他人共事，具有较强的自我控制能力。

四、项目经理的责、权、利

（一）项目经理的职责

①贯彻执行国家和地方政府的政策、法律、法规，执行建筑业企业的各项管理制度，维护企业的整体利益和经济利益。

②严格遵守财经制度，加强成本核算，积极组织工程款回收，正确处理国家、企业和项目及单位个人的利益关系。

③签订和组织履行“项目管理目标责任书”，执行企业与业主签订的“项目承包合同”中由项目经理负责履行的各项条款。

④对工程项目施工进行有效控制，执行有关技术规范和标准，积极推广应用新技术、新工艺、新材料和项目管理软件集成系统，确保工程质量和工期，实现安全、文明生产，努力提高经济效益。

⑤组织编制施工管理规划及目标实施措施，组织编制施工组织设计并实施。

⑥根据项目总工期的要求编制年度进度计划，组织编制施工季（月）度施工计划，包括劳动力、材料、构件及机械设备的使用计划，签订分包及租赁合同并严格执行。

⑦组织制定项目经理部各类管理人员的职责和权限、各项管理制度，并认真贯彻执行。

⑧科学地组织施工和加强各项管理工作。做好内、外各种关系的协调，为施工创造优越的施工条件。

⑨做好工程竣工结算，资料整理归档，接受企业审计并做好项目经理部解体与善后工作。

（二）项目经理的权力

为了保证项目经理完成所担负的任务，必须授予相应的权力。项目经理应当有以下权力：

①参与企业进行施工项目的投标和签订施工合同。

②用人决策权。项目经理应有权决定项目管理机构班子的设置，选择、聘任班子内成员，对任职情况进行考核监督、奖惩，乃至辞退。

③财务决策权。在企业财务制度规定的范围内，根据企业法定代表人的授权和施工项目管理的需要，决定资金的投入和使用，决定项目经理部的计酬方法。

④进度计划控制权。根据项目进度总目标和阶段性目标的要求，对项目建设的进度进行检查、调整，并在资源上进行调配，从而对进度计划进行有效的控制。

⑤技术质量决策权。根据项目管理实施规划或施工组织设计，有权批准重大技术方案和重大技术措施，必要时召开技术方案论证会，把好技术决策关和质量关，防止技术上决策失误，主持处理重大质量事故。

⑥物资采购管理权。按照企业物资分类和分工，对采购方案、目标、到货要求，以及对供货单位的选择、项目现场存放策略等进行决策和管理。

⑦现场管理协调权。代表公司协调与施工项目有关的内外部关系，有权处理现场突发事件，事后及时报公司主管部门。

（三）项目经理的利益

施工项目经理最终的利益是其行使权力和承担责任的结果，也是市场经济条件下责、权、利和绩效相互统一的具体体现。项目经理应享有以下利益：

①获得基本工资、岗位工资和绩效工资。

②在全面完成“项目管理目标责任书”确定的各项责任目标，交工验收交结算后，接受企业考核和审计，可获得规定的物质奖励，还可获得表彰、记功、优秀项目经理等荣誉称号和其他精神奖励。

③经考核和审计，未完成“项目管理目标责任书”确定的责任目标或造成亏损的，按有关条款承担责任，并接受经济或行政处罚。

项目经理责任制是指以项目经理为主体的施工项目管理目标责任制度，用以确保项目履约，用以确立项目经理部与企业、职工三者之间的责、权、利关系。项目经理开始工作之前由建筑业企业法人或其授权人与项目经理协商、编制“项目管理目标责任书”，双方签字后生效。

项目经理责任制是以施工项目为对象，以项目经理全面负责为前提，以“项目管理目标责任书”为依据，以创优质工程为目标，以求得项目的最佳经济效益为目的，实行的一次性、全过程的管理。

第三节　建设项目管理模式

一、工程建设指挥部模式

工程建设指挥部是我国计划经济体制下，大中型基本建设项目管理所采用的一种模式，它主要是以政府派出机构的形式对建设项目的实施进行管理和监督，依靠的是指挥部领导的权威和行政手段，因而，在行使建设单位的职能时有较大的权威性，决策、指挥直接有效。尤其是有效地解决征地、拆迁等外部协调难题，以及在建设工期要求紧迫的情况下，能够迅速集中力量，加快工程建设进度。但是由于工程建设指挥部模式采用纯行政手段来管理技能管理活动，存在着以下弊端：

（一）工程建设指挥部缺乏明确的经济责任

工程建设指挥部不是独立的经济实体，缺乏明确的经济责任。政府对工程建设指挥部没有严格、科学的经济约束，指挥部拥有投资建设管理权，却对投资的使用和回收不承担任何责任。也就是说，作为管理决策者，却不承担决策风险。

（二）管理水平低，投资效益难以保证

工程建设指挥部中的专业管理人员是从本行业相关单位抽调并临时组成的团队，应有的专业人员素质难以保障。而当他们在工程建设过程中积累了一定经验之后，又随着工程项目的建成而转入其他工程岗位。以后即使是再建设新项目，也要重新组建工程建设指挥部。为此，导致工程建设的管理水平难以提高。

（三）忽视了管理的规划和决策职能

工程建设指挥部采用行政管理手段，甚至采用军事作战的方式来管理工程建设，而不善于利用经济的方式和手段。它着重于工程的实现，而忽视了工程建设投资、进度、质量三大目标之间的对立统一关系。它努力追求工程建设的进度目标，却往往不顾投资效益和对工程质量的影响。

这种传统的建设项目管理模式自身的先天不足，使得我国工程建设的管理水平和投资效益长期得不到提高，建设投资和质量目标的失控现象也在许多工程中存在。随着我国社会主义市场经济体制的建立和完善，这种管理模式将逐步为项目法人责任制所替代。

二、传统管理模式

传统管理模式又称为通用管理模式。采用这种管理模式，业主通过竞争性招标将工程施工的任务发包给或委托给报价合理和最具有履约能力的承包商或工程咨询、工程监理单位。业主与承包商、工程师签订专业合同。承包商还可以与分包商签订分包合同。涉及材料设备采购的，承包商还可以与供应商签订材料设备采购合同。

这种模式形成于19世纪，目前仍然是国际上最为通用的模式，世界银行贷款、亚洲开发银行贷款项目和采用国际咨询工程师联合会（FIDIC）的合同条件的项目均采用这种模式。

传统管理模式的优点是：由于应用广泛，因而管理方法成熟，各方对有关程序比较熟悉；可自由选择设计人员，对设计进行完全控制；标准化的合同关系；可自由选择咨询人员；采用竞争性投标。

传统管理模式的缺点是：项目周期长，业主的管理费用较高；索赔和变更的费用较高；在明确整个项目的成本之前投入较大。此外，由于承包商无法参与设计阶段的工作，设计的“可施工性”较差，当出现重大的工程变更时，往往会降低施工的效率，甚至造成工期延误等。

三、建筑工程管理模式（CM模式）

采用建筑工程管理模式，是以项目经理为特征的工程项目管理方式，是从项目开始阶段就由具有设计、施工经验的咨询人员参与到项目实施过程中来，以便为项目的设计、施工等方面提供建议。为此，又称为“管理咨询方式”。

建筑工程管理模式的特点，与传统的管理模式相比较，具有的主要优点有以下几方面：

（一）设计深度到位

由于承包商在项目初期（设计阶段）就任命了项目经理，他可以在此阶段充分发挥自己的施工经验和管理技能，协同设计班子的其他专业人员一起做好设计，提高设计质量，为此，其设计的“可施工性”好，有利于提高施工效率。

（二）缩短建设周期

由于设计和施工可以平行作业，并且设计未结束便开始招标投标，使设计施工等环节得到合理搭接，可以节省时间，缩短工期，可提前运营，提高投资效益。

四、设计—采购—建造（EPC）交钥匙模式

EPC 模式是从设计开始，经过招标，委托一家工程公司对“设计—采购—建造”进行总承包，采用固定总价或可调总价合同方式。

EPC 模式的优点是：有利于实现设计、采购、施工各阶段的合理交叉和融合，提高效率，降低成本，节约资金和时间。

EPC 模式的缺点是：承包商要承担大部分风险，为减少双方风险，一般均在基础工程设计完成、主要技术和主要设备均已确定的情况下进行承包。

五、BOT 模式

BOT 模式即建造—运营—移交模式，它是指东道国政府开放本国基础设施建设和运营市场，吸收国外资金、本国私人或公司资金，授给项目公司特许权，由该公司负责融资和组织建设，建成后负责运营及偿还贷款。在特许期满时将工程移交给东道国政府。

BOT 模式作为一种私人融资方式，其优点是：可以开辟新的公共项目资金渠道，弥补政府资金的不足，吸收更多投资者；减轻政府财政负担和国际债务，优化项目，降低成本；减少政府管理项目的负担；扩大地方政府的资金来源，引进外国的先进技术和管理，转移风险。

BOT 模式的缺点是：建造的规模比较大，技术难题多，时间长，投资高。东道国政府承担的风险大，较难确定回报率及政府应给予的支持程度，政府对项目的监督、控制难以保证。

第四节　水利工程建设程序

水利水电工程的建设周期长，施工场面布置复杂，投资金额巨大，对国民经济的影响不容忽视。工程建设必须遵守合理的建设程序，才能顺利地按时完成工程建设任务，并且能够节省投资。

在计划经济时代，水利水电工程建设一直沿用自建自营模式。在国家总体计划安排下，建设任务由上级主管单位下达，建设资金由国家拨款。建设单位一般是上级主管单位、已建水电站、施工单位和其他相关部门抽调的工程技术人员和工程管理人员临时组建的工程筹备处或工程建设指挥部。在条块分割的计划经济体制下，工程建设指挥部除了负

责工程建设外，还要平衡和协调各相关单位的关系和利益。工程建成后，工程建设指挥部解散。其中一部分人员转变为水电站运行管理人员，其余人员重新回到原单位。这种体制形成于新中国成立初期。那时候，国家经济实力薄弱，建筑材料匮乏，技术人员稀缺。集中财力、物力、人力于国家重点工程，对于新中国成立后的经济恢复和繁荣起到了重要作用。随着国民经济的发展和经济体制的转型，原有的这种建设管理模式已经不能适应国民经济的迅速发展，甚至严重地阻碍了国民经济的健康发展。经过十多年的改革，终于在20世纪90年代后期初步建立了既符合社会主义市场经济运行机制，又与国际惯例接轨的新型建设管理体系。在这个体系中，形成了项目法人责任制、投标招标制和建设监理制三项基本制度。在国家宏观调控下，建立了“以项目法人责任制为主体，以咨询、科研、设计、监理、施工、物供为服务、承包体系”的建设项目管理体制。投资主体可以是国资，也可以是民营或合资，充分调动各方的积极性。

项目法人的主要职责是：负责组建项目法人在现场的管理机构；负责落实工程建设计划和资金进行管理、检查和监督；负责协调与项目相关的对外关系。工程项目实行招标投标，将建设单位和设计、施工企业推向市场，达到公平交易、平等竞争。通过优胜劣汰，优化社会资源，提高工程质量，节省工程投资。建设监理制度是借鉴国际上通行的工程管理模式。监理为业主提供费用控制、质量控制、合同管理、信息管理、组织协调等服务。在业主授权下，监理对工程参与者进行监督、指导、协调，使工程在法律、法规和合同的框架内进行。

水利工程建设程序一般分为项目建议书、可行性研究、初步设计、施工准备（包括投标设计）、建设实施、生产准备、竣工验收、后评价等阶段。根据国民经济总体要求，项目建议书在流域规划的基础上，提出工程开发的目标和任务，论证工程开发的必要性。可行性研究阶段，对工程进行全面勘测、设计，进行多方案比较，提出工程投资估算，对工程项目在技术上是否可行和经济上是否合理进行科学的论证和分析，提出可行性研究报告。项目评估由上级组织的专家组进行，全面评估项目的可行性和合理性。项目立项后，顺序进行初步设计、技术设计（招标设计）和技施设计，并进行主体工程的实施。工程建成后经过试运行期，即可投产运行。

第五节　水利工程施工组织

一、施工方案、设备的确定

在施工工程的组织设计方案研究中，施工方案的确定和设备及劳动力组合的安排和规划是重要的内容。

（一）施工方案选择原则

在具体施工项目的方案确定时，需要遵循以下几条原则：

①确定施工方案时尽量选择施工总工期时间短、项目工程辅助工程量小、施工附加工程量小、施工成本低的方案。

②确定施工方案时尽量选择先后顺序工作之间、土建工程和机电安装之间、各项程序之间互相干扰小、协调均衡的方案。

③确定施工方案时要确保施工方案选择的技术先进、可靠。

④确定施工方案时着重考虑施工强度和施工资源等因素，保证施工设备、施工材料、劳动力等需求之间处于均衡状态。

（二）施工设备及劳动力组合选择原则

在确定劳动力组合的具体安排以及施工设备的选择上，施工单位要尽量遵循以下几条原则：

1. 施工设备选择原则

施工单位在选择和确定施工设备时要注意遵循以下原则：

①施工设备尽可能地符合施工场地条件，符合施工设计和要求，并能保证施工项目保质保量地完成。

②施工项目工程设备要具备机动、灵活、可调节的性质，并且在使用过程中能达到高效低耗的效果。

③施工单位要事先进行市场调查，以各单项工程的工程量、工程强度、施工方案等为依据，确定合适的配套设备。

④尽量选择通用性强，可以在施工项目的不同阶段和不同工程活动中反复使用的设备。

⑤应选择价格较低，容易获得零部件的设备，尽量保证设备便于维护、维修、保养。

2. 劳动力组合选择原则

施工单位在选择和确定劳动力组合时要注意遵循以下原则：

①劳动力组合要保证生产能力可以满足施工强度要求。

②施工单位需要事先进行调查研究，确保劳动力组合能满足各个单项工程的工程量和施工强度。

③在选择配套设备的基础上，要按照工作面、工作班制、施工方案等确定最合理的劳动力组合，混合劳动力工种，实现劳动力组合的最优化。

二、主体工程施工方案

水利工程涉及多种工种，其中主体工程施工主要包括地基处理、混凝土施工、碾压式土石坝施工等。而各项主体施工还包括多项具体工程项目。本节重点研究在进行混凝土施工和碾压式土石坝施工时，施工组织设计方案的选择应遵循的原则。

（一）混凝土施工方案选择原则

混凝土施工方案选择主要包括混凝土主体施工方案选择、浇筑设备确定、模板选择、坝体选择等内容。

1. 混凝土主体施工方案选择原则

在进行混凝土主体施工方案确定时，施工单位应该注意以下几方面原则：

①混凝土施工过程中，生产、运输、浇筑等环节要保证衔接的顺畅和合理。

②混凝土施工的机械化程度要符合施工项目的实际需求，保证施工项目按质按量完成，并且能在一定程度上促进工程工期和进度的加快。

③混凝土施工方案要保证施工技术先进，设备配套合理，生产效率高。

④混凝土施工方案要保证混凝土可以得到连续生产，并且在运输过程中尽可能减少中转环节，缩短运输距离，保证温控措施可控、简便。

⑤混凝土施工方案要保证混凝土在初期、中期，以及后期的浇筑强度可以得到平衡的协调。

⑥混凝土施工方案要保证混凝土施工和机电安装之间存在的相互干扰尽可能少。

2. 混凝土浇筑设备选择原则

混凝土浇筑设备的选择要考虑多方面的因素，比如，混凝土浇筑程序能否适应工程强度和进度、各期混凝土浇筑部位和高程与供料线路之间能否平衡协调等。具体来说，在选择混凝土浇筑设备时，要注意以下几条原则：

①混凝土浇筑设备的起吊设备能保证对整个平面和高程上的浇筑部位形成控制。

②保持混凝土浇筑主要设备型号统一，确保设备生产效率稳定、性能良好，其配套设备能发挥主要设备的生产能力。

③混凝土浇筑设备要在连续的工作环境中保持稳定的运行，并具有较高的利用效率。

④混凝土浇筑设备在工程项目中不需要完成浇筑任务的间隙可以承担起模板、金属构件、小型设备等的吊运工作。

⑤混凝土浇筑设备不会因为压块而导致施工工期的延误。

⑥混凝土浇筑设备的生产能力要在满足一般生产的情况下，尽可能满足浇筑高峰期的

生产要求。

⑦混凝土浇筑设备应该具有保证混凝土质量的保障措施。

3. 模板选择原则

在选择混凝土模板时，施工单位应当注意以下原则：

①模板的类型要符合施工工程结构物的外形轮廓，便于操作。

②模板的结构形式应该尽可能标准化、系列化，保证模板便于制作、安装、拆卸。

③在有条件的情况下，应尽量选择混凝土或钢筋混凝土模板。

4. 坝体接缝灌浆设计原则

在坝体的接缝灌浆时应注意考虑以下几方面：

①接缝灌浆应该发生在灌浆区及以上部位达到坝体稳定温度时，在采取有效措施的基础上，混凝土的保质期应该长于 4 个月。

②在同一坝缝内的不同灌浆分区之间的高度应该为 10~15 m。

③要根据双曲拱坝施工期来确定封拱灌浆高程，以及浇筑层顶面间的限定高度差值。

④对空腹坝进行封顶灌浆，火堆受气温影响较大的坝体进行接缝灌浆时，应尽可能采用坝体相对稳定且温度较低的设备进行。

（二）碾压式土石坝施工方案选择原则

在进行碾压式土石坝施工方案选择时，要事先对工程所在地的气候、自然条件进行调查，搜集相关资料，统计降水、气温等多种因素的信息，并分析它们可能对碾压式土石坝材料的影响程度。

1. 碾压式土石坝料场规划原则

在确定碾压式土石坝的料场时，应注意遵循以下原则：

①碾压式土石坝料场的料物物理学性质要符合碾压式土石坝坝体的用料要求，尽可能保证物料质地的统一。

②料场的物料应相对集中存放，总储量要保证能满足工程项目的施工要求。

③碾压式土石坝料场要保证有一定的备用料区，并保留一部分料场以供坝体合龙和抢拦洪高时使用。

④以不同的坝体部位为依据，选择不同的料场进行使用，避免不必要的坝料加工。

⑤碾压式土石坝料场最好具有剥离层薄、便于开采的特点，并且应尽量选择获得坝料效率较高的料场。

⑥碾压式土石坝料场应满足采集面开阔、料场运输距离短的要求，并且周围存在足够的废料处理场。

⑦碾压式土石坝料场应尽量少地占用耕地或林场。

2. 碾压式土石坝料场供应原则

碾压式土石坝料场的供应应当遵循以下原则：

①碾压式土石坝料场的供应要满足施工项目的工程和强度需求。

②碾压式土石坝料场的供应要充分利用开挖渣料，通过高料高用、低料低用等措施保证料物的使用效率。

③尽量使用天然砂石料用作垫层、过滤和反滤，在附近没有天然沙石料的情况下，再选择人工料。

④应尽可能避免料物的堆放，如果避免不了，就将堆料场安排在坝区上坝道路上，并要保证防洪、排水等一系列措施的跟进。

⑤碾压式土石坝料场的供应尽可能减少料物和弃渣的运输量，保证料场平整，防止水土流失。

3. 土料开采和加工处理要求

在进行土料开采和加工处理时，要注意满足以下要求：

①以土层厚度、土料物理学特征、施工项目特征等为依据，确定料场的主次并进行区分开采。

②碾压式土石坝料场土料的开采加工能力应能满足坝体填筑强度的需求。

③要时刻关注碾压式土石坝料场天然含水量的高低，一旦出现过高或过低的状况，要采用一定具体措施加以调整。

④如果开采的土料物理力学特性无法满足施工设计和施工要求，那么应选择对采用人工砾质土的可能性进行分析。

⑤对施工场地、料场输送线路、表土堆存场等进行统筹规划，必要情况下还要对还耕进行规划。

4. 坝料上坝运输方式选择原则

在选择坝料上坝运输方式的过程中，要考虑运输量、开采能力、运输距离、运输费用、地形条件等多方面因素，具体来说，要遵循以下原则：

①坝料上坝运输方式要能满足施工项目填筑强度的需求。

②坝料上坝运输过程中不能和其他物料混掺，以免污染和降低料物的物理力学性能。

③各种坝料应尽量选用相同的上坝运输方式和运输设备。

④坝料上坝使用的临时设备应具有设施简易、便于装卸、装备工程量小的特点。

⑤坝料上坝尽量选择中转环节少、费用较低的运输方式。

5. 施工上坝道路布置原则

施工上坝道路的布置应遵循以下原则：

①施工上坝道路的各路段要满足施工项目坝料运输强度的需求，并综合考虑各路段运输总量、使用期限、运输车辆类型和气候条件等多项因素，最终确定施工上坝的道路布置。

②施工上坝道路要兼顾当地地形条件，保证运输过程中不出现中断的现象。

③施工上坝道路要兼顾其他施工运输，如施工期过坝运输等，尽量和永久公路相结合。

④在限制运输坡长的情况下，施工上坝道路的最大纵坡不能大于15%。

6. 碾压式土石坝施工机械配套原则

确定碾压式土石坝施工机械的配套方案时应遵循以下原则：

①确定碾压式土石坝施工机械的配套方案要在一定程度上保证施工机械化水平的提升。

②各种坝面作业的机械化水平应尽可能保持一致。

③碾压式土石坝施工机械的设备数量，应该以施工高峰时期的平均强度进行计算和安排，并适当留有余地。

第六节　水利工程进度控制

一、概念

水利水电建设项目进度控制是指对水电工程建设各阶段的工作内容、工作秩序、持续时间和衔接关系。根据进度总目标和资源的优化配置原则编制计划，将该计划付诸实施，在实施的过程中经常检查实际进度是否按计划要求进行，对出现的偏差分析原因，采取补救措施或调整、修改原计划，直到工程竣工验收交付使用。进度控制的最终目的是确保项目进度目标的实现，水利水电建设项目进度控制的总目标是建设工期。

水利水电建设项目的进度受许多因素的影响，项目管理者须事先对影响进度的各种因素进行调查，预测它们对进度可能产生的影响，编制可行的进度计划，指导建设项目按计划实施。然而在计划执行过程中，必然会出现新的情况，难以按照原定的进度计划执行。这就要求项目管理者在计划的执行过程中，掌握动态控制原理，不断进行检查，将实际情况与计划安排进行对比，找出偏离计划的原因，特别是找出主要原因，然后采取相应的措施。措施的确定有两个前提：一是通过采取措施，维持原计划，使之正常实施；二是采取措施后不能维持原计划，要对进度进行调整或修正，再按新的计划实施。这样不断地计划、执行、检查、分析、调整计划的动态循环过程，就是进度控制。

二、影响进度因素

水利工程建设项目由于实施内容多、工程量大、作业复杂、施工周期长及参与施工单位多等特点，影响进度的因素很多，主要可归为人为因素，技术因素，项目合同因素，资金因素，材料、设备与配件因素，水文、地质、气象及其他环境因素，社会因素及一些难以预料的偶然突发因素，等等。

三、工程项目进度计划

工程项目进度计划可以分为进度控制计划、财务计划、组织人事计划、供应计划、劳动力使用计划、设备采购计划、施工图设计计划、机械设备使用计划、物资工程验收计划等。其中工程项目进度控制计划是编制其他计划的基础，其他计划是进度控制计划顺利实施的保证。施工进度计划是施工组织设计的重要组成部分，并规定了工程施工的顺序和速度。水利工程项目施工进度计划主要有两种：一是总进度计划，即对整个水利工程编制的计划，要求写出整个工程中各个单项工程的施工顺序和起止日期及主体工程施工前的准备工作和主体工程完工后的结尾工作的施工期限；二是单项工程进度计划，即对水利枢纽工程中主要工程项目，如大坝、水电站等组成部分进行编制的计划，写出单项工程施工的准备工作项目和施工期限，要求进一步从施工方法和技术供应等条件论证施工进度的合理性和可靠性，研究加快施工进度和降低工程成本的具体方法。

四、进度控制措施

进度控制的措施主要有组织措施、技术措施、合同措施、经济措施和信息措施。

①组织措施包括落实项目进度控制部门的人员、具体控制任务和职责分工；项目分解、建立编码体系；确定进度协调工作制度，包括协调会议的时间、人员等；对影响进度目标实现的干扰和风险因素进行分析。

②技术措施是指采用先进的施工工艺、方法等，以加快施工进度。

③合同措施主要包括分段发包、提前施工及合同期与进度计划的协调等。

④经济措施是指保证资金供应。

⑤信息管理措施主要是通过计划进度与实际进度的动态比较，收集有关进度的信息。

五、进度计划的检查和调整方法

在进度计划执行过程中，应根据现场实际情况不断进行检查，将检查结果进行分析，而后确定调整方案，这样才能充分发挥进度计划的控制功能，实现进度计划的动态控制。为此，进度计划执行中的管理工作包括检查并掌握实际进度情况，分析产生进度偏差的主要原因，确定相应的纠偏措施或调整方法等三方面。

（一）进度计划的检查

1. 进度计划的检查方法

（1）计划执行中的跟踪检查

在网络计划的执行过程中，必须建立相应的检查制度，定时定期地对计划的实际执行情况进行跟踪检查，收集反映实际进度的有关数据。

（2）搜集数据的加工处理

搜集反映实际进度的原始数据量大面广，必须对其进行整理、统计和分析，形成与计划进度具有可比性的数据，以便在网络图上进行记录。根据记录的结果可以分析判断进度的实际状况，及时发现进度偏差，为网络图的调整提供信息。

（3）实际进度检查记录的方式

①当采用时标网络计划时，可采用实际进度前锋线记录计划实际执行情况，进行实际进度与计划进度的比较。

实际进度前锋线是在原时标网络计划上，自上而下从计划检查时刻的时标点出发，用点画线依次将各项工作实际进度达到的前锋点连接成的折线。通过实际进度前锋线与原进度计划中的各项工作箭线交点的位置可以判断实际进度与计划进度的偏差。

②当采用无时标网络计划时，可在图上直接用文字、数字、适当符号或列表记录计划的实际执行状况，进行实际进度与计划进度的比较。

2. 网络计划检查的主要内容

①关键工作进度。

②非关键工作的进度及时差利用的情况。

③实际进度对各项工作之间逻辑关系的影响。

④资源状况。

⑤成本状况。

⑥存在的其他问题。

3. 对检查结果进行分析判断

通过对网络计划执行情况检查的结果进行分析判断，可为计划的调整提供依据。一般应进行如下分析判断：

①对时标网络计划，可利用绘制的实际进度前锋线，分析计划的执行情况及其发展趋势，对未来的进度做出预测、判断，找出偏离计划目标的原因及可供挖掘的潜力所在。

②对无时标网络计划，可根据实际进度的记录情况对计划中未完的工作进行分析判断。

（二）进度计划的调整

进度计划的调整内容包括调整网络计划中关键线路的长度、调整网络计划中非关键工作的时差、增（减）工作项目、调整逻辑关系、重新估计某些工作的持续时间、对资源的投入做相应调整。网络计划的调整方法如下：

1. 调整关键线路法

①当关键线路的实际进度比计划进度拖后时，应在尚未完成的关键工作中，选择资源强度小或费用低的工作缩短其持续时间，并重新计算未完成部分的时间参数，将其作为一个新的计划实施。

②当关键线路的实际进度比计划进度提前时，若不想提前工期，应选用资源占有量大或者直接费用高的后续关键工作，适当延长其持续时间，以降低其资源强度或费用；当确定要提前完成计划时，应将计划尚未完成的部分作为一个新的计划，重新确定关键工作的持续时间，按新计划实施。

2. 非关键工作时差的调整方法

非关键工作时差的调整应在其时差范围内进行，以便更充分地利用资源、降低成本或满足施工的要求。每一次调整后都必须重新计算时间参数，观察该调整对计划全局的影响，可采用以下几种调整方法：

①将工作在其最早开始时间与最迟完成时间范围内移动。

②延长工作的持续时间。

③缩短工作的持续时间。

3. 增减工作时的调整方法

增减工作项目时应符合这样的规定：不打乱原网络计划总的逻辑关系，只对局部逻辑关系进行调整；在增减工作后应重新计算时间参数，分析对原网络计划的影响。当对工期有影响时，应采取调整措施，以保证计划工期不变。

4. 调整逻辑关系

逻辑关系的调整只有当实际情况要求改变施工方法或组织方法时才可进行，调整时应避免影响原定计划工期和其他工作的顺利进行。

5. 调整工作的持续时间

当发现某些工作的原持续时间估计有误或实现条件不充分时，应重新估算其持续时间，并重新计算时间参数，尽量使原计划工期不受影响。

6. 调整资源的投入

当资源供应发生异常时，应采用资源优化方法对计划进行调整，或采取应急措施，使其对工期的影响最小。

网络计划的调整可以定期调整，也可以根据检查的结果随时调整。

第二章　水利工程测量技术

第一节　水利工程常用测量设备介绍

水利工程的测量设备主要有水准仪、经纬仪、全站仪、GPS 测量仪等。

一、水准仪及其使用方法

高程测量是测绘地形图的基本工作之一，测量地面高程常用于建筑施工，利用水准仪进行水准测量是精密测量高程的主要方法。

水准仪由望远镜、调整手轮、圆水准器、微调手轮、水平制动手轮、管水准器、水平微调手轮和脚架等部分组成。

（一）水准仪操作要点

在未知两点间，摆开三脚架，从仪器箱取出水准仪安放在三脚架上，利用三个机座螺丝调平，使圆气泡居中，接着调平管水准器。水平制动手轮用于调平，直到在水平镜内通过三角棱镜反射，水平重合，就说明水平了。将望远镜对准未知点（1）的塔尺，再次调平管水平器重合，读出塔尺的读数（后视），把望远镜旋转到未知点（2）的塔尺，调整管水平器，读出塔尺的读数（前视），记到记录本上。

计算公式：两点高差=后视-前视

（二）水准仪的校正

将仪器摆在两固定点中间，标出两点的水平线，称为 a，b 线，移动仪器到固定点一端，标出两点的水平线，称为 a'，b'。计算如果 $a-b \neq a'-b'$时，将望远镜横丝对准偏差一半的数值。用校针将水准仪的上下螺钉调整，使管水平泡吻合为止。重复以上做法，直到相等为止。

（三）水准仪的使用方法

水准仪的使用包括水准仪的安置、粗平、瞄准、精平、读数五个步骤。

1. 安置

安置是将仪器安装在可以伸缩的三脚架上并置于两观测点之间。首先打开三脚架并使高度适中，用目估法使架头大致水平并检查脚架是否牢固，然后打开仪器箱，用连接螺旋将水准仪器连接在三脚架上。

2. 粗平

粗平是使仪器的视线粗略水平，利用脚螺旋置圆水准气泡居于圆指标圈之中。具体方法用仪器练习。在整平过程中，气泡移动的方向与大拇指运动的方向一致。

3. 瞄准

瞄准是用望远镜准确地瞄准目标。首先是把望远镜对向远处明亮的背景，转动目镜调焦螺旋，使十字丝最清晰。再松开固定螺旋，旋转望远镜，使照门和准星的连接对准水准尺，拧紧固定螺旋。最后转动物镜对光螺旋，使水准尺的成像清晰地落在十字丝平面上，再转动微动螺旋，使水准尺的象靠于十字竖丝的一侧。

4. 精平

精平是使望远镜的视线精确水平。微倾水准仪，在水准管上部装有一组棱镜，可将水准管气泡两端，折射到镜管旁的符合水准观察窗内，若气泡居中时，气泡两端的象将符合成一抛物线型，说明视线水平。若气泡两端的象不相符合，说明视线不水平。这时可用右手转动微倾螺旋使气泡两端的象完全符合，仪器便可提供一条水平视线，以满足水准测量基本原理的要求。注意气泡左半部分的移动方向，总与右手大拇指的方向不一致。

5. 读数

用十字丝，截读水准尺上的读数。现在的水准仪多是倒像望远镜，读数时应由上而下进行。先估读毫米级读数，后报出全部读数。

水准仪使用步骤一定要按上面顺序进行，不能颠倒，特别是读数前的复核水泡调整，一定要在读数前进行。

（四）水准仪的测量

测定地面点高程的工作，称为高程测量。高程测量是测量的基本工作之一。高程测量按所使用的仪器和施测方法的不同，可以分为水准测量、三角高程测量、GPS 高程测量和气压高程测量。水准测量是目前精度最高的一种高程测量方法，它广泛应用于国家高程控制测量、工程勘测和施工测量中。

水准测量的原理是利用水准仪提供的水平视线，读取竖立于两个点上的水准尺上的读数，来测定两点间的高差，再根据已知点高程计算待定点高程。

（五）保养与维修

①水准仪是精密的光学仪器，正确合理使用和保管对仪器精度和寿命有很大的作用；

②避免阳光直晒，不可随便拆卸仪器；

③每个微调都应轻轻转动，不要用力过大，镜片、光学片不准用手触摸；

④仪器有故障，由熟悉仪器结构者或修理部修理；

⑤每次使用完后，应对仪器擦干净，保持干燥。

二、经纬仪

经纬仪是测量工作中的主要测角仪器。由望远镜、水平度盘、竖直度盘、水准器、基座等组成。

测量时，将经纬仪安置在三脚架上，用垂球或光学对点器将仪器中心对准地面测站点上，用水准器将仪器定平，用望远镜瞄准测量目标，用水平度盘和竖直度盘测定水平角和竖直角。按精度分为精密经纬仪和普通经纬仪，按读数设备可分为光学经纬仪和游标经纬仪，按轴系构造分为复测经纬仪和方向经纬仪。此外，有可自动按编码穿孔记录度盘读数的编码度盘经纬仪，可连续自动瞄准空中目标的自动跟踪经纬仪，利用陀螺定向原理迅速独立测定地面点方位的陀螺经纬仪和激光经纬仪，具有经纬仪、子午仪和天顶仪三种作用的供天文观测的全能经纬仪，将摄影机与经纬仪结合一起供地面摄影测量用的摄影经纬仪，等等。

DJ6 经纬仪是一种广泛使用在地形测量、工程及矿山测量中的光学经纬仪。主要由水平度盘、照准部和基座三大部分组成。

①基座部分。用于支撑照准部，上有三个脚螺旋，其作用是整平仪器。

②照准部。照准部是经纬仪的主要部件，照准部部分的部件有水准管、光学对点器、支架、横轴、竖直度盘、望远镜、度盘读数系统等。

③度盘部分。DJ6 光学经纬仪度盘有水平度盘和垂直度盘，均由光学玻璃制成。水平度盘沿着全圆从 0~360°顺时针刻画，最小格值一般为 1°或 30′。

（一）经纬仪的安置方法

①三脚架调成等长并适合操作者身高，将仪器固定在三脚架上，使仪器基座面与三脚架上顶面平行。

②将仪器摆放在测站上，目估大致对中后，踩稳一条架脚，调好光学对中器目镜（看清十字丝）与物镜（看清测站点），用双手各提一条架脚前后、左右摆动，眼观对中器使

十字丝交点与测站点重合，放稳并踩实架脚。

③伸缩三脚架腿长整平圆水准器。

④将水准管平行两定平螺旋，整平水准管。

⑤平转照准部 90°，用第三个螺旋整平水准管。

⑥检查光学对中，若有少量偏差，可打开连接螺旋平移基座，使其精确对中，旋紧连接螺旋，再检查水准气泡居中。

（二）度盘读数方法

光学经纬仪的读数系统包括水平和垂直度盘、测微装置、读数显微镜等几个部分。水平度盘和垂直度盘上的度盘刻画的最小格值一般为 1°或 30′，在读取不足一个格值的角值时，必须借助测微装置，DJ6 级光学经纬仪的读数测微器装置有测微尺和平行玻璃测微器两种。

1. 测微尺读数装置

目前新产 DJ6 级光学经纬仪均采用这种装置。

在读数显微镜的视场中设置一个带分划尺的分划板，度盘上的分划线经显微镜放大后成像于该分划板上，度盘最小格值（60′）的成像宽度正好等于分划板上分划尺 1°分划间的长度，分划尺分 60 个小格，注记方向与度盘的相反，用这 60 个小格去量测度盘上不足一格的格值。量度时以零分划线为指标线。

2. 单平行玻璃板测微器读数装置

单平行玻璃板测微器的主要部件有单平行板玻璃、扇形分划尺和测微轮等。这种仪器度盘格值为 30′，扇形分划尺上有 90 个小格，格值为 30′/90＝20″。

测角时，当目标瞄准后转动测微轮，用双指标线夹住度盘分划线影像后读数。整度数根据被夹住的度盘分划线读出，不足整度数部分从测微分划尺读出。

3. 读数显微镜

光学经纬仪读数显微镜的作用是将读数成像放大，便于将度盘读数读出。

4. 水准器

光学经纬仪上有 2~3 个水准器，其作用是使处于工作状态的经纬仪垂直轴铅垂、水平度盘水平，水准器分管水准器和圆水准器两种。

管水准器，管水准器安装在照准部上，其作用是仪器精确整平。

圆水准器，圆水准器用于粗略整平仪器。它的灵敏度低，其格值为 872 mm。

（三）经纬仪的角度测量原理

1. 水平角的测量原理

水平角是指过空间两条相交方向线所作的铅垂面间所夹的二面角，角值为 0～360°。空间两直线 OA 和 OB 相交于点 O，将点 A、O、B 沿铅垂方向投影到水平面上，得相应的投影点 A′、O′>B′，水平线 O′A′和 O′B′的夹角 β 就是过两方向线所作的铅垂面间的夹角，即水平角。

水平角的大小与地面点的高程无关。

测量角度的仪器在测量水平角时必须具备两个基本条件：

①能给出一个水平放置的，且其中心能方便地与方向线交点置于同一铅垂线上的刻度圆盘——水平度盘。

②要有一个能瞄准远方目标的望远镜，且要在水平面和竖直面内作全圆旋转，以便通过望远镜瞄准高低不同的目标 A 和 B。水平角 β 为 A 和 B 两个方向读数之差：β=b−a。

2. 垂直角的测量原理

垂直角是指在同一铅垂面内，某目标方向的视线与水平线间的夹角 α，也称竖直角或高度角；垂直角的角值为 0～±90°。

视线与铅垂线的夹角称为天顶距，天顶距 n 的角值范围为 0～180°。

当视线在水平线以上时垂直角称为仰角，角值为正；视线在水平线以下时为俯角，角值为负。由此可知测角仪器经纬仪还必须装有一个能铅垂放置的度盘——垂直度盘，或称竖盘。

三、全站仪

全站仪，即全站型电子速测仪（electronic total station），是一种集光、机、电为一身的高技术测量仪器，是集水平角、垂直角、距离（斜距、平距）、高差测量功能于一身的测绘仪器系统。因其一次安置仪器就可完成该测站上全部测量工作，所以，称之为全站仪。广泛用于地上大型建筑和地下隧道施工等精密工程测量或变形监测领域。

与光学经纬仪比较，全站仪将光学度盘换为光电扫描度盘，将人工光学测微读数代之以自动记录和显示读数，使测角操作简单化，且可避免读数误差的产生。全站仪的自动记录、储存、计算功能，以及数据通信功能，进一步提高了测量作业的自动化程度。

全站仪与光学经纬仪区别在于度盘读数及显示系统，全站仪的水平度盘和竖直度盘及其读数装置是分别采用两个相同的光栅度盘（或编码盘）和读数传感器进行角度测量的。根据测角精度可分为 0. 5″、1″、2″、3″、5″、10″等六个等级。

（一）全站仪的组成

电子全站仪由电源部分、测角系统、测距系统、数据处理部分、通信接口、显示屏、键盘等组成。

同电子经纬仪、光学经纬仪相比，全站仪增加了许多特殊部件，因此而使得全站仪具有比其他测角、测距仪器更多的功能，使用也更方便。这些特殊部件构成了全站仪在结构方面独树一帜的特点。

1. 同轴望远镜

全站仪的望远镜实现了视准轴、测距光波的发射、接收光轴同轴化。同轴化的基本原理是：在望远物镜与调焦透镜间设置分光棱镜系统，通过该系统实现望远镜的多功能，既可瞄准目标，使之成像于十字丝分划板，进行角度测量。同时其测距部分的外光路系统又能使测距部分的光敏二极管发射的调制红外光在经物镜射向反光棱镜后，经同一路径反射回来，再经分光棱镜作用使回光被光电二极管接收；为测距需要在仪器内部另设一内光路系统，通过分光棱镜系统中的光导纤维将由光敏二极管发射的调制红外光传送给光电二极管接收，进行由内、外光路调制光的相位差间接计算光的传播时间，计算实测距离。

同轴性使得望远镜一次瞄准即可实现同时测定水平角、垂直角和斜距等全部基本测量要素的测定功能。加之全站仪强大、便捷的数据处理功能，使全站仪使用起来极其方便。

2. 双轴自动补偿

作业时若全站仪纵轴倾斜，会引起角度观测的误差，盘左、盘右观测值取中不能使之抵消。而全站仪特有的双轴（或单轴）倾斜自动补偿系统，可对纵轴的倾斜进行监测，并在度盘读数中对因纵轴倾斜造成的测角误差自动加以改正（某些全站仪纵轴最大倾斜可允许至±6)，也可通过将由竖轴倾斜引起的角度误差，由微处理器自动按竖轴倾斜改正计算式计算，并加入度盘读数中加以改正，使度盘显示读数为正确值，即所谓纵轴倾斜自动补偿。

双轴自动补偿所采用的构造（现有水平，包括 Tbpcon、Trimble)：使用水泡（该水泡不是从外部可以看到的，与检验校正中所描述的不是一个水泡）来标定绝对水平面，该水泡是中间填充液体，两端是气体。在水泡的上部两侧各放置发光二极管，而在水泡的下部两侧各放置光电管，用接收发光二极管透过水泡发出的光。而后，通过运算电路比较两二极管获得的光的强度。当在初始位置，即绝对水平时，将运算值置零。当作业中全站仪器倾斜时，运算电路实时计算出光强的差值，从而换算成倾斜的位移，将此信息传达给控制系统，以决定自动补偿的值。自动补偿的方式由微处理器计算后修正输出外，还有一种方式即通过步进马达驱动微型丝杆，把此轴方向上的偏移进行补正，从而使轴时刻保证绝对水平。

3. 键盘

键盘是全站仪在测量时输入操作指令或数据的硬件，全站仪的键盘和显示屏均为双面式，便于正、倒镜作业时操作。

4. 存储器

全站仪存储器的作用是将实时采集的测量数据存储起来，再根据需要传送到其他设备如计算机等，供进一步的处理或利用，全站仪的存储器有内存储器和存储卡两种。

全站仪内存储器相当于计算机的内存（RAM），存储卡是一种外存储媒体，又称 PC 卡，作用相当于计算机的磁盘。

5. 通信接口

全站仪可以通过 BS-232C 通信接口和通信电缆将内存中存储的数据输入计算机，或将计算机中的数据和信息经通信电缆传输给全站仪，实现双向信息传输。

（二）全站仪的使用

全站仪具有角度测量、距离（斜距、平距、高差）测量、三维坐标测量、导线测量、交会定点测量和放样测量等多种用途。内置专用软件后，功能还可进一步拓展。

全站仪的基本操作与使用方法如下：

1. 水平角测量

①按角度测量键，使全站仪处于角度测量模式，照准第一个目标 A。

②设置 A 方向的水平度盘读数为 0°00′00″。

③照准第二个目标 B，此时显示的水平度盘读数即为两方向间的水平夹角。

2. 距离测量

①设置棱镜常数。测距前须将棱镜常数输入仪器中，仪器会自动对所测距离进行改正。

②设置大气改正值或气温、气压值。光在大气中的传播速度会随大气的温度和气压而变化，15 ℃和 760 mmHg 是仪器设置的一个标准值，此时的大气改正值为 0 ppm。实测时，可输入温度和气压值，全站仪会自动计算大气改正值（也可直接输入大气改正值），并对测距结果进行改正。

③量仪器高、棱镜高并输入全站仪。

④距离测量。照准目标棱镜中心，按测距键，距离测量开始，测距完成时显示斜距、平距、高差。

全站仪的测距模式有精测模式、跟踪模式、粗测模式三种。精测模式是最常用的测距模式，测量时间约 2.5 s，最小显示单位 1 mm；跟踪模式，常用于跟踪移动目标或放样时连续测距，最小显示一般为 1 cm，每次测距时间约 0.3 s；粗测模式，测量时间约 0.7 s，最小显示单位 1 cm 或 1 mm。在距离测量或坐标测量时，可按测距模式（MODE）键选择不同的测距模式。

应注意，有些型号的全站仪在距离测量时不能设定仪器高和棱镜高，显示的高差值是全站仪横轴中心与棱镜中心的高差。

3. 坐标测量

①设定测站点的三维坐标。

②设定后视点的坐标或设定后视方向的水平度盘读数为其方位角。当设定后视点的坐标时，全站仪会自动计算后视方向的方位角，并设定后视方向的水平度盘读数为其方位角。

③设置棱镜常数。

④设置大气改正值或气温、气压值。

⑤量仪器高、棱镜高并输入全站仪。

⑥照准目标棱镜，按坐标测量键，全站仪开始测距并计算显示测点的三维坐标。

（三）全站仪的数据通信

全站仪的数据通信是指全站仪与电子计算机之间进行的双向数据交换。全站仪与计算机之间的数据通信的方式主要有两种，一种是利用全站仪配置的 PCMCIA [（personal computer memory card internation association），个人计算机存储卡国际协会，简称 PC 卡，也称存储卡]，进行数字通信，特点是通用性强，各种电子产品间均可互换使用；另一种是利用全站仪的通信接口，通过电缆进行数据传输。

第二节　水利工程施工放样

水利工程测量是为水利工程建设服务的专门测量，属于工程测量学的范畴，有以下几个主要任务：

①为了工程规划设计提供所需的地形资料。规划时需要提供中小比例尺地形图及有关信息，建筑物设计时需要测绘大比例尺地形图。

②施工阶段要将图上设计好的建筑物按其位置、尺寸测于地面，以便据此施工，称为施工放样。

③在施工过程中及工程建设管理中，需要定期对建筑物的稳定性及变化情况进行检测，确保工程安全，称为变形观测。

由此可见，测量工作贯穿于建设工程的始终，作为一名水利工作者必须掌握好测量科学知识和技能，才能担负起工程勘测、规划设计、施工及管理等任务。

一、测量放样的准备工作

在各项施工测量工作开始之前，应熟悉设计图纸，了解有关规范标准及合同文件规定的测量技术要求，选择合理的作业方法，制订测量实施方案。

①将施工区域内的控制点（平面、高程等）、轴线点、临时测站点等测量成果，以及设计图中工程部位的各种坐标、方位、尺寸等几何数据做成测量资料，交给放样人员使用。

②放样数据的准备。放样前应根据设计图纸和有关地理坐标及使用的控制点成果，计算出放样的数据，并绘制放样草图，施工测量成果所有数据、草图均要作为施工中测量记录控制资料予以保存、校核、整理、编号并分类归档、妥善保管。

③现场作业必须遵守有关安全操作规程，注意人身和仪器安全，禁止违章作业。

④用于施工测量的仪器和量具应定期送交具有计量检测资质的专业机构进行全面的检定，并在其检定有效期内使用，对于要求在测前或测后也应进行检校的仪器、量具，可参照相应的规定进行自检。

二、施工测量的主要精度指标

施工测量的主要精度指标如表 2-1 所示。

表 2-1　施工测量主要精度指标　　单位/mm

<table>
<tr><th colspan="2" rowspan="2">项目</th><th rowspan="2">内容</th><th colspan="2">精度指标</th><th rowspan="2">精度指标相对的基准</th></tr>
<tr><th>平面位置限差</th><th>高程限差</th></tr>
<tr><td colspan="2">混凝土建筑物</td><td>轮廓点放样</td><td>±（20~30）</td><td>±（20~30）</td><td>邻近基本控制点</td></tr>
<tr><td colspan="2">土石料建筑物</td><td>轮廓点放样</td><td>±50</td><td>±50</td><td>邻近基本控制点</td></tr>
<tr><td colspan="2">机电设备与金属结构安装</td><td>轮廓点放样</td><td>±（2~10）</td><td>±（2~10）</td><td>建筑物安装轴线和高程基点</td></tr>
<tr><td colspan="2">土石方开挖</td><td>轮廓点放样</td><td>±（50~150）</td><td>±（50~150）</td><td>邻近基本控制点</td></tr>
<tr><td colspan="2">地形测量</td><td>地物点</td><td>±（1~1.5）</td><td>±2/3 基本等高距</td><td>邻近图根点</td></tr>
<tr><td>施工期</td><td>变形监测</td><td>监测点</td><td>±（6~10）</td><td>±（6~10）</td><td>工作基点</td></tr>
<tr><td rowspan="2">隧洞
贯通</td><td>相向开挖长度小于 5 km</td><td>贯通面</td><td>横向±100
纵向±100</td><td>±50</td><td rowspan="2">从两端洞口点分别测量贯通点在横向、纵向和高程方向上的差值</td></tr>
<tr><td>相向开挖长度 5~10 km</td><td>贯通面</td><td>横向±150
纵向±150</td><td>±75</td></tr>
</table>

三、开挖工程测量

主要是开挖区的原始地形和原始地貌测量；开挖轮廓线放样；断面测量和工程量测量等内容，见表 2-2。

表 2-2　开挖轮廓放样点的点位限差　　单位/mm

轮廓放样点位	点位限差	
	平面	高程
主体工程部位的基础轮廓点、预裂爆破孔定位点	±50	±50
主体工程部位的坡顶点，非主体工程部位的基础轮廓点	±100	±100
土、沙、石覆盖面开挖轮廓点	±150	±150

注：点位限差均是相对于邻近基本控制点而言的。

（1）开挖工程细部放样，需要在实地放出控制开挖轮廓点的坡顶点、转角点或坡脚点，并用醒目的标志加以标定。

（2）开挖细部工程放样方法有极坐标法、测角前方交汇法、后方交汇法等，但基本的方法主要是极坐标法和前方交汇法。

（3）距离丈量可根据条件和精度要求从下列方法中选择：

①用钢尺或者经过比长的皮尺丈量——以不超过一尺段为宜。在高差较大地区，可丈量斜距加倾斜改正；

②用视距法测定，其视距长度不应大于 50 m。预裂爆破放样，不宜采用视距法；

③用视差法测定，端点视线长度不应大于 70 m。

（4）细部点的高程放样，可采用支线水准，光电测距三角高程或经纬仪置平测高程。

开挖动工前，必须实测开挖区的原始断面图或地形图，开挖过程中，应定期测量收房断面图或地形图，开挖工程结束后，必须实测竣工断面图或竣工地形图，作为工程量结算的依据。

断面间距可根据用途、工程部位和地形复杂程度在 5～20 m 范围内选择。设计有特殊要求的部位按照设计要求执行。

断面图和地形图比例尺，可根据用途、工程部位范围大小在 1：200～1：1000 选择，主要建筑物的开挖竣工地形图或断面图，应选择在 1：200；收方图以 1：500 或者 1：200 为宜；大范围的土石覆盖层开挖收方可选用 1：1000。

断面点间距应以能正确反映断面形状，满足面积计算精度要求为原则。一般为图上 1～3 cm 施测一点。地形变化应加密测点。断面宽度应超出开挖边线 3～10 cm。

开挖施工过程中，应定期测量开挖完成量和工程剩余量。开挖工程量的结算应以测量收方的成果为依据。开挖工程量的计算中面积计算方法可采用解析法或图解法。

四、填筑与混凝土工程测量

（一）填筑与混凝土建筑物轮廓点放样点位限差

填筑与混凝土建筑物轮廓点放样点位限差具体见表 2-3。

表 2-3　填筑与混凝土建筑物轮廓点放样点位限差

建筑物类型	建筑物名称	点位限差	
		平面	高程
混凝土建筑物	主要水工建筑物（坝、厂房、船闸、升船机）、泄水建筑物的主体结构、各种导墙、坝体内的重要结构物（井、孔洞、正垂孔、侧垂孔）等	±20	±20
	其他（面板堆石坝的面板、副坝、围堰、心墙、护坦、护坡、挡墙等）	±20	±20
土石料建筑物	碾压式坝（堤）与土石坝的上下游边线、心墙、填料分界线、防渗墙轴线及坝（堤）内各种设施（观测孔、基础钻孔等）	±50	±50

填筑放样不再叙述，重点介绍混凝土建筑物放样。

（二）混凝土建筑物放样内容

主要是各种建筑物的立模或轮廓点放样。建筑物立模细部轮廓点的放样位置，以距离设计线 0.2~0.5 m 为宜。立模、轮廓点可直接由控制点测设放样，也可以由建筑物纵横轴线点测设放样。

（三）混凝土建筑物高程放样

混凝土建筑物高程放样应区别不同情况采用不同的方法施测。

①对于连续垂直上升的建筑物，除了有结构物的部位（如牛腿、廊道、门洞）外，高程放样的精度要求较低，主要应防止粗差的发生。

②对于溢流面、斜坡面以及形体特殊的部位，其高程放样的精度，一般应与平面位置放样的精度一致。

③对于混凝土抹面层有金属结构及机电设备埋件的部位，其高程放样的精度，通常高于平面位置的放样精度，应采用水准测量方法并注意校核。

④特殊部位的模板架设立模后，应利用测放的轮廓点进行检查校核。其平面位置（包括垂直度）检查精度为±3 mm，高程检查精度为±2 mm。

（四）放样点的检查

①所有放样资料应由两人独立进行计算和编制；若使用计算机程序计算放样资料时，必须校对程序和输入数据的正确性。

②选择放样方法时，应考虑校核条件。没有校核条件的方法必须在放样后采用异站的方法进行检查。

③对轮廓放样点进行校核的方法根据不同情况而异，但应简单易行，以发现错误为目的。校核结果应记入放样资料。外业校核以自检为主，放样与校核尽量同时进行，必要时另派小组进行检查。对于放样时已利用其他条件自检合格的，可以不再进行校核。

④对于建筑物基础轮廓放样点，必须采用同精度的、相互独立的方法进行全部校核，校核点与放样点的点位之差不应大于$\sqrt{2}M_p$（M_p为放样点相对于邻近基本控制点的限差）。

⑤对于同一部位轮廓放样点的检查可采用简易方法校核，如丈量相邻点之间的长度、点与已浇筑建筑物边线的相对尺寸及检视同一直线上的诸点是否在同一直线上。

⑥对于形体复杂或者结构复杂的建筑物，校核和放样宜采用同一组测站点。

⑦模板检查验收时，若发现检查结果超限或存在明显系统误差，应及时对可疑部分进行复测、确认。

五、资料整理

①每次测量放样作业结束后，作业组应及时整理测量放样记录资料，放样计算数据资料、测量放样检查成果对照表，并按照工程项目或者工程部位归档保存。

②每次测量收方工作完成后，应及时将收方地形图、断面图、工程量计算表及外业数据资料整理保存。

③单项工程竣工后，应及时整理竣工测量记录资料，各种竣工图表，使用的设计图纸和测量技术总结。

④由电子计算器或者计算机输出的野外观测记录、计量资料等应及时整理，装订成册并加注必要说明后归档。

第三节　建筑物施工测量放样

一、管道工程测量放样

（一）测量内容

管道测量有两个任务：一是把图纸上设计的管道先放到地面上，按照设计的意图去指导管道的施工；二是把已施工的管道情况反映到竣工图纸上，作为资料归档，并用它指导管道的日常维护检修工作。

管道测量的内容主要有两方面：一是坐标法确定管道及有关地物的位置，使用的仪器是经纬仪，也可以使用全站仪、GPS 等；二是使用高程数据确定管道的埋深，主要使用水准仪。

（二）管道放样

首先根据管道的起点、终点和转折点的设计坐标，或者和其他固定建筑物的关系，把它们测放到地面上，然后沿管道中线方向进行中线测量和纵断面水准测量。

临时水准点和管道轴线控制桩的设置应便于观测且必须牢固，并应采取保护措施。开槽铺设管道沿线的临时水准点，每 200 m 不宜少于 1 个。

1. 施放管道节点

先根据管道起点、终点和转折点的设计坐标计算出这些点与附近控制点和固定建筑物之间的关系，然后根据这些关系，把这些点用桩固定在地面上，并且进行栓点。为了避免出错，每个点都要进行校核。在标定管道起点、终点和转折点之前，首先要了解设计管道的走向和已有控制点的分布情况，再结合实际地形考虑上述每个点的具体方位。若是在敷设管道的附近没有控制点，就需要先用导线测量的方法，在管道的附近敷设一条导线，把较远的控制点的坐标、高程数据测算至导线折点上来，再根据导线点确定管道转折点，把设计图上的管道位置放在地面上。

2. 中线测量

当管道的中线位置在地面上确定以后，即开始量距和测定转折角的工作。沿管道走向每量一定长度钉一控制桩，称为里程桩，在特殊地点还可以加桩。转折点复测夹角。有时在管道设计前，已在初次定线测量时保留下来起点、终点及转折点的桩子，施工时只需要校核、补桩以及添设里程桩。以上各里程桩不应设在管道中线上，应固定在沟边线外的同一侧，以防管道开槽时里程桩被挖除。

3. 纵断面的水准测量

纵断面的水准测量，是测出管中心线上各里程桩和加桩部位的地面高。在开挖前，复测地面高程是否和设计图相符；开挖后，实测沟底高程是否达到图纸要求，安装后，测定管顶高程作为竣工的原始资料之一。

为了保证纵断面水准测量的精度和避免差错，沿管道方向每隔一定距离（300～1000 m）有一个水准基点，以便校核高程数据。若原有的国家水准点密度不够，一般就在国家水准点之间做四等水准测量，加设水准点。在高程已知的两水准点间，用仪器校核的读数误差为两点的闭合差。所有地面点高程仅供绘制纵断面图使用，所以数值都取到厘米，高程闭合差也不必进行调整。

4. 高程控制

槽底高程的允许偏差：开挖土方时应为±20 mm；开挖石方时应为+20～−200 mm。

施工中沟槽纵断面的高程控制，可采用里程桩标出开挖深和安装坡度板的方式解决，也就是在地面上放出管道中心线后，就可根据中线位置以沟槽开挖深度定出的开槽宽度在地面上撒灰线标明开挖边线，在沿线里程桩上标注桩号和挖深。也有的当沟槽挖至一定深度时，在里程桩位置设立横跨沟槽的坡度板，坡度板可直接埋设在地面上，并用仪器校测管道中线，在各个坡度板上用小钉标定其位置，做出高程标记，标明挖深。

采用坡度板控制槽底高程和坡度时，应符合下列规定：坡度板应选用有一定刚度且不易变形的材料制作；设置应牢固；平面上呈直线的管道，坡度板设置的间距不宜大于20 m，呈曲线的管道坡度板间距应加密；井室位置、折点和变坡点处应增设坡度板；坡度板距槽底的高度不宜大于3 m。

二、土石坝工程测量

土坝是一种较为普遍的坝型。我国修建的数以万计的各类坝中，土坝占90%以上。根据土料在坝体的分布及其结构的不同，其类型又有多种。

土坝的控制测量是首先根据基本网确定坝轴线，然后以坝轴线为依据布设坝身控制网以控制坝体细部的放样。现分述如下：

（一）坝轴线的确定

对于中小型土坝的坝轴线，一般是由工程设计人员和勘测人员组成选线小组，深入现场进行实地踏勘，根据当地的地形、地质和建筑材料等条件，经过方案比较，直接在现场选定。对于大型土坝以及与混凝土坝衔接的土质副坝，一般经过现场踏勘、图上规划等多次调查研究和方案比较，确定建坝位置，并在坝址地形图上结合枢纽的整体布置，将坝轴线标于地形图上。如果采用经纬仪放样，将图上设计好的坝轴线标定在实地上。

（二）坝身控制线的测设

坝身控制线是与坝轴线平行和垂直的一些控制线。坝身控制线的测设，须将围堰的水排尽后，清理基础前进行。

1. 垂直于坝轴线的控制线的测设

垂直于坝轴线的控制线，一般按 50 m、30 m 或 20 m 的间距以里程来测设，其步骤如下：

（1）沿坝轴线测设里程桩

在坝轴线一端 M_1附近，测设出在轴线上设计坝顶与地面的交点，作为零号桩，其桩号为 0+000。方法是在 M_1安置经纬仪，瞄准另一端点 M_2的坝轴线方向；用高程放样的方法，在坝轴线上找到一个地面高程等于坝顶高程的点，这个点即为零号桩点。然后由零号桩起，由经纬仪定线，沿坝轴线方向按选定的间距丈量距离，顺序打下 0+030、0+060、0+090……里程桩，直至另一端坝顶与地面的交点为止。

（2）测设垂直于坝轴线的控制线

将经纬仪安置在里程桩上，瞄准 M_1或 M_2旋转照准部 90°即定出垂直于坝轴线的一系列平行线，并在上下游施工范围以外用方向桩标定在实地上，作为测量横断面和放样的依据，这些桩亦称横断面方向桩。

（3）高程控制网的建立

用于土坝施工放样的高程控制，可由若干永久性水准点组成基本网和临时作业水准点两级布设。基本网布设在施工范围以外，并应与国家水准点连测，组成闭合或附合水准路线，用三等或四等水准测量的方法施测。

临时水准点直接用于坝体的高程放样，布置在施工范围以内不同高度的地方，并尽可能做到安置一、二次仪器就能放样高程。临时水准点应根据施工进程及时设置，附合到永久水准点上。一般按四等或五等水准测量的方法施测，并应根据永久水准点定期进行检测。

在精度要求不是很高时，也可以应用全站仪进行三角高程放样。

2. 平行于坝轴线的控制线的测设

平行于坝轴线的控制线可布设在坝顶上下游线、上下游坡面变化及下游马道中线处，也可按一定间隔布设（如 10 m、20 m、30 m 等），以便控制坝体的填筑和进行土石方计算。

测设平行于坝轴线的控制线时，分别在坝轴线的端点 M_1 和 M_2 安置经纬仪，瞄准后视点，旋转 90°各作一条垂直于坝轴线的横向基准线，然后沿此基准线量取各平行控制线距坝轴线的距离，得各平行线的位置，用方向桩在实地标定。也可以用全站仪按确定坝轴线的方法放样。

三、地下工程测量

地下工程测量的基本内容包括：地下工程贯通测量的技术设计，建立地面和地下平面与高程控制网，地下工程的轴线、坡度、高程和开挖断面的放样，贯通测量误差的确定与调整。测绘地下工程纵横断面，并计算开挖、浇筑或喷锚工程量；整理中间验收及竣工验收资料。

贯通测量技术设计应在开工前进行，其测量限差应遵照下述规定：

①相向开挖长度在 10 km 以内时，贯通测量限差应满足表中规定，相向开挖长度大于 10 km 时，应做专门技术设计。

②计算贯通中误差时，可取表中的限差一半作为贯通中误差，并按照表中的原则分配。

③上、下两相向开挖的竖井的贯通限差为±200 mm。

④通过竖井贯通时，应把竖井定向作为一个独立因素参与贯通中误差的分配。

表 2-4　贯通测量限差

相向开挖长度（含支洞在内）/km	限差/mm		
	横向	纵向	竖向
<5	±100	±100	±50
5～10	±150	±150	±75

表 2-5　贯通中误差分配原则

相向开挖长度（含支洞在内）/km	中误差/mm								
	横向			纵向			竖向		
	洞外	洞内	贯通面	洞外	洞内	贯通面	洞外	洞内	贯通面
<5	士 30	±40	±50	±30	±40	±50	±15	士 20	±25
5～10	±45	士 60	±75	±45	±60	±75	±20	±30	±40

地面和地下控制测量误差在贯通面上的影响应根据不同的布网形式按下列公式计算：

①地面控制按导线布设时，可用下式计算地面控制测量误差在贯通面上的横向误差

影响：

$$M_y = \pm \sqrt{\frac{m_{y\beta}^2 + m_{yl}^2}{n}}$$

$$m_{y\beta} = \pm \frac{m\beta}{\rho}\sqrt{\sum R_x^2} \qquad (2-1)$$

$$m_{yl} = \pm \frac{ml}{L}\sqrt{\sum D_y^2}$$

式中，$m_{y\beta}$ ——由于测角中误差所产生在贯通面上的横向中误差，m。

m_{yl} ——由于测边中误差所产生在贯通面上的横向中误差，m。

m_β ——导线测角中误差，(″)。

m_l/l ——导线边长相对中误差。

R_x ——导线点至贯通面的垂直距离，m。

d_y ——导线边在贯通面上的投影长度，m。

n ——测量组数。

ρ ——常数，ρ =206 268′。

②地面控制按三角网（含测角网、测边网、边角组合网）。按下式计算：

$$M_h = \pm \sqrt{m_h^2 + m_h'^2}$$

$$m_h = \pm M_\Delta \sqrt{L} \qquad (2-2)$$

$$m'_h = \pm M'_\Delta \sqrt{L}$$

式中，m_h，m'_h ——洞外、洞内高程测量中误差，mm；

M_Δ，M'_Δ ——洞外、洞内 1 km 路线长度的高程测量高差中数中误差，mm；

L，U' ——洞外、洞内两相邻洞口间水准路线的长度，km。

工程开工之前，应根据隧洞的设计轴线拟定平面和高程控制略图。按表 2-5 所规定的精度指标用上述公式进行精度估算，以便确定洞外和洞内控制等级和作业方法。

（一）洞外控制测量

洞外平面控制网可布设成测角网、测边网、边角组合网、GPS 网或导线网。洞外高程控制网可布设成水准测量路线或光电测距三角高程导线。洞外控制网的等级选择见表 2-6。

表 2-6　洞外控制网等级选择

隧洞相向开挖长度（含支洞在内）km	平面、高程控制网等级
<5	三等、四等

续表

隧洞相向开挖长度（含支洞在内）km	平面、高程控制网等级
5～10	二等、一等

测角网、测边网、边角组合网、GPS 网的等级确定后，控制测量的技术要求按照有关规定。控制网边长应投影到隧洞进、出口的平均高程面上。

洞外光电测距基本导线技术要求见表 2-7。

表 2-7　洞外光电测距基本导线技术要求

<table>
<tr><th>相向开挖长度/km</th><th>贯通横向中误差/mm</th><th>导线全长/km</th><th>最短平均边长/m</th><th>侧角中误差/（″）</th><th>侧距中误差/mm</th><th>全长相对闭合差</th><th>方位角闭合差</th></tr>
<tr><td rowspan="6"><5</td><td rowspan="6">±30</td><td rowspan="2">3.0</td><td>35</td><td>±1.8</td><td rowspan="2">±5</td><td>1∶35000</td><td>$\pm 3.6\sqrt{n}$</td></tr>
<tr><td>50</td><td>±2.5</td><td>1∶31500</td><td rowspan="2">$\pm 5.0\sqrt{n}$</td></tr>
<tr><td rowspan="2">5.4</td><td>200</td><td>±2.5</td><td rowspan="2">±5</td><td>1∶51500</td></tr>
<tr><td>120</td><td>±1.8</td><td>1∶53500</td><td rowspan="3">$\pm 3.6\sqrt{n}$</td></tr>
<tr><td rowspan="2">10.0</td><td>770</td><td rowspan="2">±1.8</td><td rowspan="2">±5</td><td>1∶95000</td></tr>
<tr><td>680</td><td>1∶91000</td></tr>
<tr><td rowspan="10">5～10</td><td rowspan="10">±45</td><td rowspan="2">11.2</td><td>375</td><td rowspan="2">±1.8</td><td>±5</td><td>1∶67500</td><td rowspan="10">$\pm 3.6\sqrt{n}$　$\pm 2.0\sqrt{n}$</td></tr>
<tr><td>340</td><td>±2</td><td>1∶65500</td></tr>
<tr><td rowspan="4">14.0</td><td>825</td><td rowspan="2">±1.8</td><td>±5</td><td>1∶86000</td></tr>
<tr><td>780</td><td>±2</td><td>1∶85000</td></tr>
<tr><td>230</td><td rowspan="2">±1.0</td><td>士 5</td><td>1∶86000</td></tr>
<tr><td>190</td><td>±2</td><td>1∶80500</td></tr>
<tr><td rowspan="2">16.4</td><td>365</td><td rowspan="2">±1.0</td><td>±5</td><td>1∶100000</td></tr>
<tr><td>320</td><td>±2</td><td>1∶95500</td></tr>
<tr><td rowspan="2">21.0</td><td>780</td><td rowspan="2">±1.0</td><td>±5</td><td>1∶130000</td></tr>
<tr><td>725</td><td>±2</td><td>1∶125000</td></tr>
</table>

注 1：导线按直伸附合导线的形式，并以其中点（最弱点）的点位中误差作为“要求的横向中误差”。

注 2：本表数据在综合取舍时考虑的是目前生产单位中的普遍情况，不符合本表情况时可自行计算。

应在每个洞口（进洞口、出洞口、支洞口）附近埋设至少 2 个洞外高程控制点。高程控制测量按有关规定执行。

宜选择洞口附近的控制点作为进洞的洞口控制点（或进洞控制点），或者宜用图形强度较好的图形加密洞口控制点。布设洞口控制点时应考虑有利于施工放样和便于向洞内传递等因素。

进洞控制点应埋设混凝土观测墩，洞外其他控制点可因地制宜埋设简易标石。

（二）洞内控制测量

洞内平面控制测量宜布设光电测距导线，导线分为基本导线和施工导线。

由洞口控制点向洞内测距导线时，起始方向连接角侧角中误差不应超过±1.8″。

施工导线点的布设应满足施工放样的需要，宜 50 m 左右埋设一点，并每隔数点与基本导线复核。

光电测距基本导线和施工导线宜沿洞壁两侧布设，主要拐点可埋设观测墩或插入洞壁的金属观测架，并及时算出各导线点里程、高程以及偏离轴线的数值。

导线边长应进行投影改正。洞内基本导线宜进行两组独立观测，导线点的两组坐标值相差不得大于中误差的 $2\sqrt{2}$ 倍，合格后取两组的平均值为最后成果。若只进行一组观测，则应同时观测导线的左、右角或组成闭合线路。

洞内高程控制可采用四等水准测量，也可采用高等精度的光电测距三角高程测量，对于支线线路应进行两组独立观测。洞内高程控制标石宜与基本导线标石合一。

在洞内使用光电测距仪时，应特别注意仪器的防护，仪器及反射镜面上的水珠或雾气应及时擦拭干净，以免影响测距精度。

隧洞贯通后应及时进行贯通测量误差的确定、调整和分配。

对于洞内的平面和高程控制点，应定期进行检查复核。

（三）施工放样与断面测量

洞内开挖轮廓放样点相对于洞室轴线的限差为±50 mm。混凝土衬砌立模放样点相对于洞室轴线的限差为±20 mm。

开挖放样以施工导线标定的轴线为依据，在隧洞的直线段可采用简易的串线放样法，两吊线间距不应小于 5 m，其延伸长度应小于 20 m。曲线段应使用仪器放样。

洞内开挖放样应在开挖掌子面上标定中线、腰线和开挖轮廓线，必要时还须标出钻孔位置。对分层开挖的地下厂房等大断面洞室进行放样时，可只标定设计开挖轮廓线和中心线。有条件时，可在腰线和中线位置安装激光指向仪。

应及时测绘开挖竣工断面和混凝土衬砌（或喷锚支护）竣工断面，并计算开挖工程量和混凝土衬砌工程量。断面间距在直线段为 5 m，在曲线段为 3 m，对结构变化或特殊部位应适当加测断面。断面测点相对于洞室轴线的测量限差为：开挖竣工断面±50 mm；混凝土衬砌竣工断面±20 mm。

斜井的开挖放样可用坡面经纬仪直接测定轴线和平行腰高。若用经纬仪架设在轴线上按真伪倾角法测定平行腰高时，各点的垂直 α' 可按下式计算：

$$\alpha' = \arctan(\tan\alpha \cdot \cos\theta) \tag{2-3}$$

式中，α ——斜井的设计垂直角；

θ ——斜井轴线至照准点方向的水平夹角。

竖井的开挖与衬砌测量放样可用重锤、激光投点仪或光学投点仪进行，开挖轮廓放样点相对于竖井中心线的测量限差为±50 mm，混凝土衬砌轮廓放样点相对于竖井中心线的测量限差为±20 mm。

隧洞在混凝土衬砌过程中，根据需要可在两侧墙上埋设一定数量的铜质（或不锈钢）永久标志，并测定高程、里程等数据，以便检修和监测使用。

四、金属结构与机电设备安装测量

水电水利工程金属结构与机电设备安装测量工作内容包括测设安装专用网或安装轴线与高程基点、安装点的放样、安装竣工测量等。

金属结构与机电设备安装轴线和高程基点应埋设稳定的测量标志，一经确定，在整个施工过程中不宜变动。

安装放样点测量限差见表 2-8。

表 2-8　安装放样点测量限差　　　　单位/mm

安装测量项目		测量限差			
		平面	垂直度	高程	水平度
压力钢管	始装节管口中心定位	±5		±5	
	与蜗壳阀门伸缩节等有连接的管口中心定位	±10		±10	
	其他管口中心定位	±15		±15	
平面闸门	主轨与反轨定位	±2		±2	±2 底坎
	侧轨定位	±3	±2		
弧形门人字门	弧形门定位	±2		±2	±2 底坎
	人字门定位	±2	±2	±3	
水轮发电机	座环安装中心定位	±3		±3	±0. 2
	机坑里衬安装及蜗壳安装中心定位	±10		士 5	±0. 5

注 1：测量限差均相对于安装轴线和高程基点而言。

2：当工程要求高于本表时应遵守有关技术文件规定。

应根据安装精度要求选择相应的测量仪器设备及配套器具。

（一）安装专用控制网、安装轴线点及高程基点的测设

大坝、厂房、船闸、机组和各种泄水建筑物的金属结构与机电设备安装的专用控制网或安装轴线点及高程基点均应由等级控制点进行测设，相对于邻近等级控制点的点位，平面和高程，限差为±10 mm。

安装专用控制网或安装轴线应随着安装部位逐渐形成及时分层布设，测设之前应对起算点的稳定性进行检测，并根据安装测量的精度要求进行精度估算，确定布设方案。

在安装项目较多且各安装结构单元之间相对精度要求高的部位，应布设安装专用控制网。对其他相对独立的结构单元宜布设安装轴线。

安装专用控制网内及安装轴线点间相对点位限差应不超过±2 mm，高程基点间的高差测量限差应不超过±2 mm。

对于每一个独立的安装单元，安装轴线点不得少于 3 点，高程基点不得少于 2 点。

独立安装单元的距离测量或竖直传高时用的钢带尺必须是经过检定的，对于超过钢尺整尺段长度而又无法分段丈量的水平距离，可以采取高精度测距仪或全站仪用“差值法”进行测量。

（二）安装点的放样

安装点线的测放必须以安装轴线和高程基点为基准，组成相对严密的局部控制系统。

方向线测设时后视距离必须大于前视距离，宜用具有细、直、尖特点的测针等工具作为照准目标。经纬仪或全站仪投点应采用正倒镜两次定点取平均值。

测量距离，30 m 以内宜采用钢带尺量距，测量时每次读数估读至 0.1 mm。钢带尺量距值必须进行倾斜、尺长、温度、拉力及悬链改正。不便用钢带，尺量距或量距超过 30 m 时，宜采用测距仪或全站仪“差值法”施测，其仪器的测距标称精度不得低于±（3 mm+2 mm/km）。

安装点的高程测量应根据金属结构与机电设备安装设计对高程的精度要求，采用满足精度要求的水准测量方法。

高精度的水平度测量应使用在底部装配有球形接触点的铟钢水准尺或钢板尺。钢板尺应镶嵌在木制或铝合金型材中，并装有安平水准器。刻画安装点标志的误差应小于 0.3 mm。

（三）安装点的检查

每次放样完成后，必须对放样点之间的相对尺寸关系进行校核，并与前一次的放样点进行比对。宜采用与放样时不同的方法对放样点进行校核，其校核较差应不超过相应放样限差的$\sqrt{2}$倍。

（四）资料整理

每次安装放样后，应填写安装测量交样单并附点位分布示意图及必要的说明。

每次安装测量验收后，应填写安装测量验收单。

单项工程竣工之后，应将安装测量资料整理归档，必要时编写安装测量技术总结。

五、疏浚与渠底测量

（一）疏浚测量

疏浚工程的平面控制可采用三角测量、导线测量以及全球定位系统（GPS）等方法进行测量，控制点点位限差为±100 mm；高程控制宜采用四等水准测量或光电测距三角高程测量方法，其高程限差为±50 mm。

根据疏浚工程施工总平面布置图，测绘挖槽区及吹填区（包括排水系统）的地形图或纵横断面图。

疏浚区域的水尺设置应注意以下几点：

①水尺测量应视工程施工需要和所处河道地形而定，宜设置在河岸稳定、明显易见且无回流的河段。水面比降小于 1/10 000 的河段，每 1 km 设置一组水尺；水面比降大于1/10 000的河段，每 0. 5 km 设置一组水尺。

②每组水尺必须由两支或两支以上的水尺组成，相邻两水尺应至少有 0. 1 m 的重合。

③水尺高程联测精度应不低于四等水准测量的精度，并应测出水尺零点高程，水尺刻度应能直接表示高程。

（二）疏浚施工放样点

挖槽的施工放样应在横断面上设置 5 点标志（中心线点、两岸上，下开口线点），标志纵向间距为 50～100 m，弯道处宜适当加密。

挖槽放样标志应根据水深、流速进行设置，可选择明显易见的立式标杆或浮标标志。

横断面的布设方向应垂直于河道中心线，弯曲河道应避免断面相交，若无法避免时宜以其中的一条断面为主，其余与之相交的断面只测至交点为止。湖泊、港湾水域的疏浚工程横断面应按设计要求布设，并测至设计开口线外 30～50 m 或根据实际情况而定。

横断面的间距宜在 20～50 m 选用，以能正确指导施工和工程量计算为原则。

水深测量点的密度，以能显示出水下地形特征为原则。

水下地形图的平面系统、高程系统、图幅分幅及等高距应与陆上地形图相一致。

（三）渠堤测量

渠堤工程的平面控制可利用已有控制点、图根点建立施工导线，导线点宜与渠堤的起讫桩、转折桩相结合，点位宜埋设稳定的标石，施工导线宜按四等导线的精度进行测量。

渠堤的高程控制不低于四等水准的精度，其高程标点可与平面控制共用标点。

渠堤中心桩（百米桩、千米桩及加桩）的平面位置测量放样限差（相对于邻近控制点）为200 mm，高程测量限差（相对于邻近控制点）为±50 mm。所有中心桩应测有桩顶和地面高程。中心桩间距应视地形变化确定，直线段为30～50 m，曲线段为10～30 m。

横断面应垂直于渠堤的中心线，每一断面的测量范围宜超出挖、填区外边线3～5 m，断面点之间的密度应能反映渠堤的实际地形和满足工程量计算的需要。

纵断面比例尺水平为1∶1000～1∶5000，竖直为1∶100～1∶500；横断面比例尺水平为1∶200～1∶500，竖直为1∶100～1∶500。

在有水工建筑物（水闸、渡槽、桥涵等）的渠堤地段布设平面和高程控制时，应埋设至少三个施工控制点。

第四节　水利工程监测技术

水利工程检查观测的目的是：①掌握工程状态变化和工作情况，为施工控制、完善设计和安全有效地运用提供科学依据；②及时发现不正常现象，分析原因，以便进行适当的养护修理或采取必要的工程对策；③取得实际资料，验证设计及科技成果。

一、观测工作的基本要求

保持观测工作的系统性和连续性，按照规定的项目、测次和时间，在现场进行观测。应做到随观测、随记录、随计算、随校核、无缺测、无漏测、无不符合精度、无违时，测次和时间应固定，人员和设备宜固定。

记录制度。外业观测值和记事项目均应在现场直接记录于手簿中，须现场计算检验的项目，必须在现场计算填写。

外业原始记录内容必须真实、准确，字迹应力求清晰端正，不得潦草模糊；原始记录手簿每册页码应连续编号，记录中间不得留下空页，严禁缺页、插页。如某一观测项目观测数据无法记于同一手簿中，在内业资料整理时可以整理在同一手簿中，但必须注明原始记录手簿编号。每次观测结束后，应及时对记录资料进行计算和整理，并对观测成果进行初步分析，如发现观测精度不符合要求，应重测。

如发现异常情况，应即复测，查明原因并报上级主管部门，同时加强观测，必要时采取应急工程措施。

在对观测资料进行初步整理、核实无误后，应将观测报表于规定时间报送上级主管部门。管理人员应加强对观测设施的维护，防止人为损坏。

工程施工期间，应采取妥善防护措施，如确须拆除或覆盖现有观测设施，应在原观测设施附近重新埋设新观测设施，并加以考证。

二、观测项目

（一）水库工程

水库工程大坝观测项目详见表 2-9。

表 2-9　水库工程大坝观测项目

工程类别	垂直位移	水平位移	坝体渗流压力	坝基渗流压力	坝基渗流量	侧岸绕渗	浸润线	裂缝	伸缩缝	孔隙水压力	土压力
大型水库大坝	√	√	√	√	√	√	√				
中型水库大坝	√	√			√		√				

注：表中打√的为一般性观测项目，其他均为专门性观测项目。

若水库大坝出现可能影响工程安全的裂缝后，应进行裂缝观测。

松软坝基的水库大坝，应进行伸缩缝观测。

均质土坝、松软坝基、土质防渗体土石坝等类型水库大坝宜进行土体孔隙水压力和土压力观测。

高水头水库大坝观测项目参照《土石坝安全监测技术规范》（SL 551—2012）。

（二）水闸工程

水闸工程观测项目详见表 2-10。

表 2-10　水闸工程观测项目

工程类别	垂直位移	水平位移	闸基扬压力	侧岸绕渗	裂缝	伸缩缝	水流形态	土压力
大型水闸	√		√	√				
中型水闸	√							

注：表中打√的为一般性观测项目，其他均为专门性观测项目。

当水闸工程地基条件差或水闸建筑物受力不均匀时，应进行水平位移和伸缩缝观测。

水闸工程建筑物发生可能影响结构安全的裂缝后，应进行裂缝观测。

水闸工程在控制运用时，根据工程运用方式、水位流量组合情况可不定期进行水流形态观测，发生超标准运用时，应加强观测。

（三）泵站工程

泵站工程观测项目见表2-11。

表2-11　泵站工程观测项目

工程类别	垂直位移	水平位移	闸基扬压力	侧岸绕渗	裂缝	伸缩缝	水流形态	土压力
大型泵站	√		√	√				
中型泵站	√							

注：表中打√的为一般性观测项目，其他均为专门性观测项目。

当泵站地基条件差或泵站建筑物受力不均匀时，应进行水平位移和伸缩缝观测。

泵站建筑物发生可能影响结构安全的裂缝，应进行裂缝观测。

泵站工程可进行土压力观测。

（四）河道工程

河道工程观测项目见表2-12。

表2-12　河道工程观测项目

工程类别	固定断面	河道地形	河势
一般河道	√	√	
建筑物引河	√	√	

注：表中打√的为一般性观测项目，其他均为专门性观测项目。

河型变化较剧烈的河段应对水流的流态变化、主流走向、横向摆幅及岸滩冲淤变化情况进行常年观测或汛期跟踪观测，分析河势变化及其发展趋势。

汛期受水流冲刷岸崩现象较剧烈的河段，应对崩岸段的崩塌体形态、规模、发展趋势及渗水点出逸位置等进行跟踪监测。

（五）堤防工程

堤防工程观测项目见表2-13。

表 2-13　堤防工程观测项目

工程类别	垂直位移	堤身断面	堤身浸润线	堤基渗流压力	堤基渗流量	裂缝	波浪	土压力
1 级堤防	√	√	√	√	√			
2、3 级堤防	√	√						

注：表中打√的为一般性观测项目，其他均为专门性观测项目。

当堤身出现可能影响工程安全的裂缝时，应进行裂缝观测。

受波浪影响较剧烈的堤防工程，宜选择适当地点进行波浪观测。

堤防工程可进行土压力观测。

三、观测设施

（一）垂直位移观测设施

垂直位移观测设施主要包括工作基点和垂直位移标点。

1. 工作基点的设置

每个工程或测区应单独设置工作基点，数量不应少于三个，工程附近有国家二等以上水准点的可直接引用，但其高程应与工作基点进行联测后确定。

工作基点应埋设在便于引测、地基坚实的区域。水闸、泵站和水库大坝工程宜在工程两侧埋设工作基点，堤防工程可根据需要在堤防背水侧分段埋设。

工作基点的埋设与选用应符合国家水准测量规范的要求，其埋深应在最大冰冻线以下至少 50 cm。工作基点一旦埋设，如无异常变动不再重设，标点应采用不锈钢材料制作。

堤防工程工作基点可从国家三、四等水准点引测。

2. 垂直位移标点的设置

水闸的垂直位移标点应埋设在每块闸底板四角的闸墩头部、岸（翼）墙四角、重力式或扶壁式岸（翼）墙、挡土墙的两端。

泵站的垂直位移标点应根据底板的大小，分别在上、下游侧埋设两个以上的标点，底板较大的泵站应在底板中部适当增设标点。泵站翼墙、挡土墙的标点布设与水闸相同。

水闸、泵站工程应按建筑物的底部结构（底板等）的分缝布设标点。

水库大坝可按 50~100 m 设置 1 组观测断面，每座大坝观测断面不应少于 3 组，每组断面不宜少于 4 个垂直位移标点。断面选择和测点布置应符合以下要求：

①大坝最高和原河床处合龙段、地形突变处、地质条件复杂处，工程有异常或可能存

在隐患的部位；

②位于“V”形河谷中的高坝和两坝端以及坝基地形变化陡峻坝段，坝顶测点应适当加密，在大坝深弘和合龙位置至少应设置1组观测断面；

③观测断面应垂直于大坝坝轴线。

堤防可按100~500 m设置1组观测断面，断面间距应根据堤防级别确定，其中1级堤防每100~200 m应设置1组观测断面，2级及以下堤防可按200~500 m设置1组观测断面，在穿堤建筑物附近，堤防观测断面间距应缩短。断面选择和测点布置应符合以下要求：

①观测断面设置以能反映堤防总体轮廓线为准，对地质条件复杂、位移量不均匀、渗流异常、有潜在滑移、崩塌和河势变化剧烈的险工段应设置观测断面；

②垂直位移标点沿观测断面依次从迎水面向背水面埋设，一般在平台前端、平台与堤坡的结合部和堤顶等堤身断面转折部位设置标点；

③观测断面应垂直于堤防轴线。

垂直位移标点应坚固可靠，并与建筑物牢固结合，水闸、泵站、水库大坝垂直位移标点应采用铜质或不锈钢材料制作；堤防的垂直位移标点应预制成混凝土块，将铜或不锈钢标点浇筑其中。

3. 观测要求与方法

进行垂直位移观测前应对工作基点进行联测，其精度达到《工程测量规范》（GB 50026—2007）的要求。

垂直位移标点的观测应符合《国家一、二等水准测量规范》（GB/T 12897—2006）和《国家三、四等水准测量规范》（GB 12898—2009）的要求，当测点较多时可以观测线路上的某测点作为后视，以一定范围的垂直位移标点作为同等的前视点（中间点），测定这组内不同标点的高程，观测时应先测读转点标尺，后测读中间点标尺。

垂直位移观测线路应采用环线或附合线路测量，不应采用放射状路线测量。

垂直位移观测应自国家水准点或工作基点引测各垂直位移标点高程，不应从垂直位移标点、中间点再引测其他标点高程。

垂直位移每一测段的观测宜在上午或下午一次完成，每一工程的观测宜在一天内结束，如工程测点较多，一天内不能完成，应引测到工作基点上。

一、二等水准测量应采用光学测微法单路线往返观测；三等水准观测应采用中丝读数往返观测，当使用有光学测微法器的水准仪和线条式铜钢水准尺观测时，也可进行单程双转点观测；四等水准观测采用中丝读数法进行单程观测。

观测前30 min应将仪器置于露天阴影下，使仪器与外界气温趋于一致，设站应用白色伞遮蔽阳光，迁站时应罩以仪器罩。

在连续各测站上安置水准仪的三脚架时，应使其中两脚与水准路线方向平行，第三脚轮换置于路线方向的左侧与右侧。

除路线转弯处，每一测站仪器与前后视标尺的三个位置宜在同一条直线上；

同一测站观测时不应两次调焦，当三、四等水准测量的视线长度小于 10 m 时且前后视差小于 1 m 时，可在观测前后标尺时调整焦距。

采用光学方法进行一、二等水准观测作业的，在转动仪器的倾斜螺旋和光学水准测微鼓时，其最后旋转的方向均应为旋进。

每一测段，无论往测和返测，其测站数应为偶数，由往测转为返测时，两支标尺应互换位置，并应重新整置仪器。

4. 资料整理要求

每次观测外业工作结束后，应及时对结果进行计算校核，同时，计算中误差，当闭合差大于 1 mm 应进行平差，其中，误差计算和平差方法与精度应符合《工程测量规范》的要求，据此计算每测站高程，并以正确高程计算中视点的高程。

垂直位移观测应填制以下图表：

①工作基点考证表，在工作基点埋设时填制，并绘制基点结构图；

②工作基点高程考证表，埋设工作基点校测工作基点高程时填制；

③垂直位移标点考证表，埋设混凝土标点时填制，并绘制标点结构图；

④垂直位移标点高程考证表，埋设标点高程考证时填制；

⑤垂直位移观测报表，每次观测后填制；

⑥垂直位移观测成果表。

填表规定：高程单位为 m，垂直位移量单位 mm，均精确到 0.1 mm。

垂直位移观测成果初步分析。每次垂直位移观测成果，应结合其他观测项目和水文地质资料，分析垂直位移量的变化规律及趋势，同时，与上次观测成果及初始值进行比较分析其是否正常。重点分析近期位移量的最大、最小值以及累计、间隔位移量和相对不均匀位移量的极值与异常部位，根据分析对工程的运行状态进行评价，对工程控制运用和维修加固等提出初步意见。

（二）水平位移观测设施

1. 水库大坝水平位移观测基点布置

校核基点应布置在建筑物两岸便于对观测标点进行观测的岩基或坚实的土基上，一般每一纵排观测标点的两端岸坡上各设置一个，用于校测工作基点；

工作基点应布置在不受任何破坏而又便于观测的岩石或坚实的土基上，并在观测标点的延长线上。

2. 水库大坝观测断面选择和观测标点布置

观测横断面通常选在水上建筑物最大坝高处或河床处、合龙段、地形突变处、地质条件复杂处，一般不少于 3 个。

观测纵断面一般不少于 4 个，通常在坝面的上、下游两侧布设 1~2 个，在上游坝坡正常蓄水位以上布置 1 个，下游坝坡半坝高以上设 1~3 个，半坝高以下设 1~2 个，对软基上的土石坝还应在下游坝址外侧增设 1~2 个。

对“V”形河谷中的高坝和两坝端以及坝基地形变化陡峻坝段，坝顶测点应适当加密，并宜加测纵向水平位移。

观测标点的间距一般坝长小于 300 m 时，宜采取 20~50 m；坝长大于 300 m 时，宜采取 50~100 m；当坝轴线为折线或坝长大于 500 m 时，可在坝身每个纵排测点中增设工作基点（可用观测标点代替），对大坝水平位移进行分段观测，减少观测误差，工作基点的距离保持在 250 m 左右。

视准线应离障碍物 1 m 以上；水平位移和垂直位移观测标点宜设置在一个观测墩上。

3. 水闸水平位移观测基点布置

校核基点应布置在水闸两岸便于对工作基点及观测标点进行观测的岩石或坚实的土基上；工作基点应布置在水闸两岸便于对观测标点进行观测的岩基或坚实的土基上。

4. 水闸观测断面选择和观测标点布置

观测横断面通常可在闸墩顶的上游面和下游面各设置 1 个，闸两岸翼墙的观测标点布置在闸墩观测标点的视准线上，各设置 1 个。

观测纵断面一般不少于 4 个，每个闸墩顶的上游面当面布置 1 个观测标点，视准线的两端翼墙顶部各布置 1 个。

采用前方交汇法观测的水平位移的观测标点，可在闸墩重要部位、闸两岸翼墙顶部布设。

5. 观测设施结构

观测标点、工作基点和校核基点的结构应坚固可靠，且不易变形，并力求美观大方、协调实用。

观测标点、工作基点和校核基点可采用柱式或墩式，同时可兼作垂直位移和横向水平位移的观测标点，其立柱应高出坝面（或坡面）0.6~1.0 m，立柱顶部应设有强制对中底盘，其对中误差均应小于 0.2 mm。

工作基点一般采用整体钢筋混凝土结构，立柱高度以司镜者操作方便为主，但应大于 1.2 m。立柱顶部强制对中底盘的对中误差应小于 0.1 mm。

校核基点可采用墩式混凝土结构，在岩基上的校核基点，可凿坑就地浇注混凝土。校核基点的结构及埋设要求与工作基点相同。

水平位移观测的觇标可采用标杆、觇牌或电光灯标，其尺寸与图案可根据观测条件选定。

6. 观测设施安装

观测标点和工作基点的底座埋入土层的深度应不小于 0. 5 m，冰冻区应深入冰冻线以下，并采取防止雨水冲刷、护坡块石挤压和人为碰撞等保护措施；

埋设时应保持立柱铅直，仪器基座水平，并使各测点强制对中地盘中心位于视准线上，其偏差不应大于 10 mm，底盘调整水平，倾斜度不得大于 4″。

7. 观测方法与要求。

水平位移观测可采用视准线法、三角网前方交会法及静态 GPS 和全站仪坐标法。

水平位移观测精度和基本要求：

用视准线法观测水平位移时，可采用经纬仪（含全站仪，下同）和视准仪，当视线长度在 250 m 左右，应采用 6″级以上的经纬仪，当视线长度在 500 m 左右，应采用 1″级经纬仪，估读到 0. 1″精密经纬仪测量。

视准线法观测可根据实际情况选用活动觇标法或小角度法，观测时宜在视准线两端各设固定工作基点，在工作基点架设仪器观测其靠近的观测标点的偏离值。

用活动觇标法校测工作基点及增设的工作基点时允许误差不大于 2 mm（两倍中误差），看观测标点时，每测回（正镜、倒镜各测一次叫一测回）的允许误差应小于 4 mm（两倍中误差），所需测回数不得少于两个测回。

用小角度法观测水平位移时，一般应采用 J1 级经纬仪，测微仪两次重合读数之差不应超过 0. 4″，一个测回中，正倒镜的小角值不应超过 3″，同一测点各测回小角值校差不应超过 2″。

用三角网前方交汇法观测水平位移时，应用 J1 级经纬仪和全圆测回法，且不少于 4 个测回。各项限差要求为：半测回归零差正负 6″，二位视准差之互差正负 8″，各测回的测回差正负 5″。

采用静态 GPS 法观测时每次观测时长应大于 50 min，每一测点应观测两次，两次误差应小于 2 mm，取其平均值；采用全站仪坐标法要求用全圆测回法且不少于 4 个测回，4 测回的测点水平坐标误差均应小于 2 mm，取其平均值。

8. 资料整理与初步分析

①水平位移工作基点考证表；

②水平位移观测标点考证表；

③水平位移统计表；

④累计水平位移过程线；

⑤建筑物纵断面水平位移量分布图。

（三）渗流观测

渗流观测主要包括堤（坝）基渗流压力、堤（坝）体渗流压力和浸润线、建筑物扬压力、侧岸绕渗、渗流量等项目，除渗流量观测外，一般通过测压管或渗压计进行观测。

渗流观测项目应统一布置，各项目配合进行观测，必要时，也可选择单一项目进行观测。

1. 渗流观测要求

水库大坝从首次蓄水至正常蓄水位后持续 3 年止，每月观测 10~30 次；之后运行期，每月观测 3~6 次。

水闸、泵站在新建投入使用后，每月观测 15~30 次；运用 3 个月后，每月观测 4~6 次；运用 5 年以上，且工程垂直位移和地基渗透压力分布均无异常情况下，可每月观测 2~3 次。

1、2 级堤防在新建投入使用后，每月观测 10~30 次；运用 3 个月后，每月观测 3~6 次；运用 5 年以上，可每月观测 2~3 次。

当上下游水位差接近设计值、超标准运用或遇有影响工程安全的灾害时，应随时增加测次。

位于感潮河段的水闸、泵站应在大潮期连续观测 38 h，每隔 1 h 观测一次。在潮位接近峰、谷时，观测时间间隔不应大于 15 min。新建工程投入使用后，每月观测 1 次。当找出管内水位与上下游水位关系后，每年至少观测 2 次。

在进行渗流观测时，应同步观测上、下游水位和降水、温度等相关数据。

当发现工程有异常渗流时，应观测渗流量和渗流水质，分析判断异常渗流的原因，及时采取处理措施。

2. 观测设施的布置

大坝坝体渗流压力和浸润线观测设施的布设应符合下列要求：

观测横断面宜选在最大坝高处、合龙段、地形或地质条件复杂坝段，一般不得少于 3 个断面，并尽量与变形、应力观测断面相结合。

观测横断面上的测点布置，应根据坝型结构、断面大小和渗流场特征，设 3~4 条观测铅直线。对于均质坝，观测铅直线位置宜在上游坝肩、下游排水体前缘各设置 1 条，其间部位至少设置 1 条。

观测铅直线上的测点布置，应根据坝高和需要监视的范围、渗流场特征，并考虑能通过流网分析确定浸润线位置，沿不同高程布点。一般原则是：

在均质坝横断面中部，心、斜墙坝的强透水料区，每条铅直线上可只设 1 个观测点，高程应在预计最低浸润线之下。

在渗流进、出口段，渗流各向异性明显的土层中，以及浸润线变幅较大处，应根据预计浸润线的最大变幅沿不同高程布设测点，每条铅直线上的测点数一般不少于 2~3 个。

须观测上游坝坡内渗流压力分布的均质坝、心墙坝，应在上游坝坡的正常高水位与死水位之间适当增设观测点。

大坝坝基渗流压力观测包括坝基天然岩石层、人工防渗和排水设施等关键部位渗流压力分布情况的观测，观测设施的布设应符合下列要求：

观测横断面的选择主要取决于地层结构、地质构造情况，断面数一般不少于 3 个，并且顺流线方向布置，或与坝体渗流压力观测断面相重合。

观测横断面上的测点布置，应根据建筑物地下坝基地层结构、地质构造以及可能发生渗透变形的部位。各个观测横断面的测点布置应根据防渗体地下轮廓线形状、坝基水文地质条件和排水形式所决定，每个断面上的测点不少于 3 个。

大坝侧岸绕渗观测包括两岸坝端及部分山体、土石坝与岸坡或与混凝土建筑物接触面，以及防渗齿墙、灌浆帷幕坝体或两岸接合部等关键部位，观测设施的布设应符合下列要求：

大坝两端的绕坝观测宜沿流线方向渗流较集中的透水层（带）设 2~3 个观测断面，每个断面上设 3~4 条观测铅直线（含渗流出口），如须分层观测，应做好层间止水；

大坝与刚性建筑物接合部的绕坝渗流观测应在接触轮廓线的控制处设置观测铅直线，沿接触面不同高程布设观测点。

在岸坡防渗齿槽和灌浆帷幕的上、下游侧各设一个观测点。

水闸、泵站渗流观测包括基础扬压力和侧岸绕渗观测，观测设施的布设应符合下列要求：

测点的数量及位置，应根据水闸、泵站的结构形式、地下轮廓线形状和基础地质情况等因素确定，并应以能测出基础扬压力的分布和变化为原则，一般布置在地下轮廓线有代表性的转折处，建筑物底板中间应设置一个测点。

沿建筑物的岸墙和工程上、下游翼墙应埋设适当数量的测点，对于土质较差的工程墙后测压管应加密。

测压断面应不少于 2 组，每组断面上测点不应少于 3 个。

堤防浸润线、堤基渗流压力观测设施的布设应符合下列要求：

观测断面，应布置在有显著地形地质弱点，堤基透水性大，渗径短，对控制渗流变化有代表性的堤段。

每一代表性堤段布置的观测断面应不少于 3 个。观测断面间距，一般为 300~500 m。

如地形地质条件无异常变化，断面间距可适当扩大。

堤防渗流观测断面上设置的测点位置、数量、埋深等，应根据场地的水文和工程地质条件，堤身断面结构形式及渗流控措施的设计要求等进行综合分析确定。

渗流观测仪器的选用应符合下列要求：

作用水头小于 20 m、渗透系数大于或等于 1×10^{-4} cm/s 的土中、渗压力变幅小的部位、监视防渗体裂缝等，宜采用测压管。

作用水头大于 20 m、渗透系数小于 1×10^{-4} cm/s 的土中、观测不稳定渗流过程以及不适宜埋设测压管的部位，宜采用振弦式孔隙水压力计，其量程应与测点实有压力相适应。

测压管的埋设应符合下列要求：

测压管宜采用镀锌钢管或硬塑料管，内径不宜大于 50 mm。

测压管的透水段，一般长 1~2 m，当用于点压力观测时应小于 0. 5 m。外部包扎足以防止周围土体颗粒进入的无纺土工织物。透水段与孔壁之间用反滤料填满。

测压管的导管段应顺直，内壁光滑无阻，接头应采用外箍接头。管口应高于地面，并加保护装置，防止雨水进入和人为破坏，管口保护装置常用的有测井盖、测井栅栏及带有螺纹的管盖或管堵。用管盖或管堵时必须在测压管顶部管壁侧面钻排气孔。

水闸、泵站基础扬压力观测测压管的导管其管口和进水段宜在同一垂线上，若工程构造无法保持导管垂直，则可以设平直管道。平直管进水管段处应略低，坡度约在 1∶20，同时应使平直管段低于可能产生最低渗透压力的高程。每一个测压管可独立设一测井，也可将同一断面上不同部位的测压管合用一个测井，一般应优先选择前一种测井形式。

渗压计的埋设应符合下列要求：

运用期渗压计的埋设，可采用钻孔埋设。钻孔孔径依该孔中埋设的仪器数量而定，一般采用 φ108~146 mm。成孔后应在孔底铺设中粗砂垫层，厚约 20 cm。

渗压计的连接电缆，应以软管套护，并铺以铅丝与测头相连。埋设时，应自下而上依次进行，并依次以中粗砂封埋测头，以膨润土干泥球逐段封孔。封孔段长度，应符合设计规定，回填料、封孔料应分段捣实。

渗压计埋设与封孔过程中，应随时进行检测，一旦发现损坏仪器测头或连接电缆，应及时处理或重新埋设。

渗流量观测设施的布置应符合下列要求：

渗流量观测系统的布置，应根据坝型和坝基地质条件、渗漏水的出流和汇集条件以及所采用的测量方法等确定。对坝体、坝基、绕渗及导渗（含减压井和减压沟）的渗流量，应分区、分段进行测量（有条件的工程宜建截水墙或观测廊道）。所有集水和量水设施均应避免客水干扰。

当下游有渗漏水出逸时，一般应在下游坝址附近设导渗沟（可分区、分段设置），在导渗沟出口或排水沟内设量水堰测其出逸（明流）流量。

当透水层深厚、地下水位低于地面时，可在坝下游河床中设测压管，通过观测地下水坡降计算出渗流量。其测压管布置，顺水流方向设两根，间距10~20 m。垂直水流方向，应根据控制过水断面及其渗透系数的需要布置适当排数。

对设有检查廊道的心墙坝、斜墙坝、面板堆石坝等，可在廊道内分区、分段设置量水设施。对减压井的渗流，应尽量进行单井流量、井组流量和总汇流量的观测。

渗漏水的温度观测以及用于透明度观测和化学分析水样的采集，均应在相对固定的渗流出口或堰口进行。

量水堰的设置和安装应符合以下要求：

量水堰应设在排水沟直线段的堰槽段。该段应采用矩形断面，两侧墙应平行和铅直。槽底和侧墙应加砌护，不漏水，不受其他干扰。

堰板应与堰槽两侧墙和来水流向垂直。堰板应平正和水平，高度应大于5倍的堰上水头。

堰口水流形态必须为自由式。

测读堰上水头的水尺或测针，应设在堰口上游3~5倍堰上水头处。尺身应铅直，其零点高程与堰口高程之差不得大于1 mm。水尺刻度分辨率应为1 mm；测针刻度分辨率应为0.1 mm。必要时可在水尺或测针上游设栏栅稳流。

3. 观测方法与要求

测压管水位观测，一般采用测深钟、测钎、电测水位计等进行观测，有条件的可采用示数水位计、遥测水位计或自记水位计等自动观测。对于测压管中水位超过管口高程的可采用压力表或压力传感器进行观测。

测深钟法：是用一柔性好、伸缩率低的绳索系于测深钟顶上，慢慢放入竖管内，空心圆柱体接触管内水面时即发生锤击面的响声，当即拉紧测绳，并重复几次，以测锤口刚接触水面为准，然后量读管口至管中水面的距离。

测压管水位高程等于测压管管口高程减管口至测压管水面的距离。

测钎法：用长1 m左右、直径为6.5 mm的圆钢，涂以白色粉末，估计测钎接触水面后，立即提出，并量取管口到测钎浸水部分的长度。

电测水位计法：一般由提匣、吊索和测头三部分构成，提匣内装干电池、微安表（或其他指示器）和手摇滚筒。滚筒上缠电线（常兼作吊索），此种电线应力求柔软坚韧，不易受温度影响。吊索每隔1 m应有一长度标志。电线末端接测头。

观测时，将测头徐徐放入管内，待指示器反应后，将吊索稍许上提，到指示器不起反应时再慢慢上下数次，趁指示器开始反应的瞬间，捏住吊索与管口相平处的吊索，量读管口至管中水面间的距离。

测压管水位高程等于测压管管口高程减管口至管中水面间的距离减测头入水所引起的水位壅高量（此值应事先试验求得）。

示数水位计法：适用于管中水位低于管口较深，管中水位变化幅度不太大，而且测压管数目较多测次频繁的情况。一般由示数器、传动系统、吊索、测头浮子和平衡块等几部分组成。

安装及观测方法：安装时，先将示数器固定于管口，并用电测水位器测出管中水位，随即在吊索未搭上传动轮前拨动示数器，使显示出管中水位高程，然后将测头浮子徐徐投入管中水面。并将吊索搭在传动轮上。当管中水位升降时，测头浮子便随之升降，牵动吊索，使传动轮转动带动齿轮（按预先设计好的一定传动比），从而拨动示数器上的齿轮运转，使示数器显示出水面高程的读数。观测时，可从示数器上直接观读水位数。

第三章　地基处理与基础工程施工技术

第一节　地基处理与基础工程概述

地基处理（foundation treatment）一般是指用于改善支承建筑物的地基（土或岩石）的承载能力或改善其变形性质或渗透性质而采取的工程技术措施。

一、处理目的

地基所面临的问题主要有以下几方面：①承载力及稳定性问题；②压缩及不均匀沉降问题；③渗漏问题；④液化问题；⑤特殊土的特殊问题。当天然地基存在上述五类问题之一或其中几个时，须采用地基处理措施以保证上部结构的安全与正常使用。通过地基处理，达到以下一种或几种目的。

（一）提高地基土的承载力

地基剪切破坏的具体表现形式有建筑物的地基承载力不够，由于偏心荷载或侧向土压力的作用使结构失稳；由于填土或建筑物荷载，使邻近地基产生隆起；土方开挖时边坡失稳，基坑开挖时坑底隆起。地基土的剪切破坏主要因为地基土的抗剪强度不足，因此，为防止剪切破坏，就需要采取一定的措施提高地基土的抗剪强度。

（二）降低地基土的压缩性

地基的压缩性表现在建筑物的沉降和差异沉降大，而土的压缩性和土的压缩模量有关。因此，必须采取措施提高地基土的压缩模量，以减少地基的沉降和不均匀沉降。

（三）改善地基的透水特性

基坑开挖施工中，因土层内夹有薄层粉砂或粉土而产生管涌或流沙，这些都是因地下水在土中的运动而产生的问题，故必须采取措施使地基土降低透水性或减少其动水压力。

（四）改善地基土的动力特性

饱和松散粉细砂（包括部分粉土）在地震的作用下会发生液化，在承受交通荷载和打桩时，会使附近地基产生振动下降，这些是土的动力特性的表现。地基处理的目的就是要改善土的动力特性以提高土的抗振动性能。

（五）改善特殊土不良地基特性

对于湿陷性黄土和膨胀土，就是消除或减少黄土的湿陷性或膨胀土的胀缩性。

二、处理分类

地基处理主要分为基础工程措施、岩土加固措施。

有的工程，不改变地基的工程性质，而只采取基础工程措施；有的工程还同时对地基的土和岩石加固，以改善其工程性质。选定适当的基础形式，不须改变地基的工程性质就可满足要求的地基称为天然地基；反之，已进行加固后的地基称为人工地基。地基处理工程的设计和施工质量直接关系到建筑物的安全，如处理不当，往往发生工程质量事故，且事后补救大多比较困难。因此，对地基处理要求实行严格的质量控制和验收制度，以确保工程质量。

三、处理方法

常用的地基处理方法有换填垫层法、强夯法、沙石桩法、振冲法、水泥土搅拌法、高压喷射注浆法、预压法、夯实水泥土桩法、水泥粉煤灰碎石桩法、石灰桩法、灰土挤密桩法和土挤密桩法、柱锤冲扩桩法、单液硅化法和碱液法等。

（一）换填垫层法

适用于浅层软弱地基及不均匀地基的处理。其主要作用是提高地基承载力，减少沉降量，加速软弱土层的排水固结，防止冻胀和消除膨胀土的胀缩。

（二）强夯法

适用于处理碎石土、沙土、低饱和度的粉土与黏性土、湿陷性黄土、杂填土和素填土等地基。强夯置换法适用于高饱和度的粉土，软-流塑的黏性土等地基上对变形控制不严的工程，在设计前必须通过现场试验确定其适用性和处理效果。强夯法和强夯置换法主要用来提高土的强度，减少压缩性，改善土体抵抗振动液化能力和消除土的湿陷性。对饱和黏性土宜结合堆载预压法和垂直排水法使用。

（三）沙石桩法

适用于挤密松散沙土、粉土、黏性土、素填土、杂填土等地基，提高地基的承载力和降低压缩性，也可用于处理可液化地基。对饱和黏土地基上变形控制不严的工程也可采用沙石桩置换处理，使沙石桩与软黏土构成复合地基，加速软土的排水固结，提高地基承载力。

（四）振冲法

分加填料和不加填料两种，加填料的通常称为振冲碎石桩法，振冲法适用于处理砂土、粉土、粉质黏土、素填土和杂填土等地基，对于处理不排水抗剪强度不小于 20 kPa 的黏性土和饱和黄土地基，应在施工前通过现场试验确定其适用性；不加填料振冲加密适用于处理黏粒含量不大于 10%的中、粗砂地基。振冲碎石桩主要用来提高地基承载力，减少地基沉降量，还可用来提高土坡的抗滑稳定性或提高土体的抗剪强度。

（五）水泥土搅拌法

分为浆液深层搅拌法（简称湿法）和粉体喷搅法（简称干法）。水泥土搅拌法适用于处理正常固结的淤泥与淤泥质土、黏性土、粉土、饱和黄土、素填土以及无流动地下水的饱和松散砂土等地基。不宜用于处理泥炭土、塑性指数大于 25 的黏土、地下水具有腐蚀性以及有机质含量较高的地基。若须采用时必须通过试验确定其适用性，当地基的天然含水量小于 30%（黄土含水量小于 25%）、大于 70%或地下水的 pH 值小于 4 时不宜采用此法。连续搭接的水泥搅拌桩可作为基坑的止水帷幕，受其搅拌能力的限制，该法在地基承载力大于 140 kPa 的黏性土和粉土地基中的应用有一定难度。

（六）高压喷射注浆法

适用于处理淤泥、淤泥质土、黏性土、粉土、砂土、人工填土和碎石土地基。当地基中含有较多的大粒径块石、大量植物根茎或较高的有机质时，应根据现场试验结果确定其适用性。对地下水流速度过大、喷射浆液无法在注浆套管周围凝固等情况不宜采用。高压旋喷桩的处理深度较大，除地基加固外，也可作为深基坑或大坝的止水帷幕，目前最大处理深度已超过 30 m。

（七）预压法

适用于处理淤泥、淤泥质土、冲填土等饱和黏性土地基，按预压方法分为堆载预压法及真空预压法。堆载预压分塑料排水带或沙井地基堆载预压和天然地基堆载预压。当软土层厚度小于 4 m 时，可采用天然地基堆载预压法处理，当软土层厚度超过 4 m 时，应采用塑料排水带、沙井等竖向排水预压法处理。对真空预压工程，必须在地基内设置排水竖井。预压法主要用来解决地基的沉降及稳定问题。

（八）夯实水泥土桩法

适用于处理地下水位以上的粉土、素填土、杂填土、黏性土等地基。该法施工周期短、造价低、施工文明、造价容易控制，在北京、河北等地的旧城区危改小区工程中得到不少成功的应用。

（九）水泥粉煤灰碎石桩（CFG 桩）法

适用于处理黏性土、粉土、砂土和已自重固结的素填土等地基。对淤泥质土应根据地区经验或现场试验确定其适用性。基础和桩顶之间须设置一定厚度的褥垫层，保证桩、土共同承担荷载形成复合地基。该法适用于条基、独立基础、箱基、筏基，可用来提高地基承载力和减少变形。对可液化地基，可采用碎石桩和水泥粉煤灰碎石桩多桩型复合地基，达到消除地基土的液化和提高承载力的目的。

（十）石灰桩法

适用于处理饱和黏性土、淤泥、淤泥质土、杂填土和素填土等地基。用于地下水位以上的土层时，可采取减少生石灰用量和增加掺和料含水量的办法提高桩身强度，该法不适用于地下水下的沙类土。

（十一）灰土挤密桩法和土挤密桩法

适用于处理地下水位以上的湿陷性黄土、素填土和杂填土等地基，可处理的深度为 5~15 m。当用来消除地基土的湿陷性时，宜采用土挤密桩法；当用来提高地基土的承载力或增强其水稳定性时，宜采用灰土挤密桩法；当地基土的含水量大于 24%、饱和度大于 65%时，不宜采用这种方法。灰土挤密桩法和土挤密桩法在消除土的湿陷性和减少渗透性方面效果基本相同，土挤密桩法地基的承载力和水稳定性不及灰土挤密桩法。

（十二）柱锤冲扩桩法

适用于处理杂填土、粉土、黏性土、素填土和黄土等地基，对地下水位以下的饱和松软土层，应通过现场试验确定其适用性，地基处理深度不宜超过 6 m。

（十三）单液硅化法和碱液法

适用于处理地下水位以上渗透系数为 0.1～2 m/d 的湿陷性黄土等地基，在自重湿陷性黄土场地，对Ⅱ级湿陷性地基，应通过试验确定碱液法的适用性。

（十四）综合比较法

在确定地基处理方案时，宜选取不同的多种方法进行比选。对复合地基而言，方案选择是针对不同土性、设计要求的承载力提高幅质、选取适宜的成桩工艺和增强体材料。

地基基础其他处理办法还有砖砌连续墙基础法、混凝土连续墙基础法、单层或多层条石连续墙基础法、浆砌片石连续墙（挡墙）基础法等。

以上地基处理方法与工程检测、工程监测、桩基动测、静载实验、土工试验、基坑监测等相关技术整合在一起，称为地基处理的综合技术。

四、处理步骤

地基处理方案的确定可按下列步骤进行：

①收集详细的工程质量、水文地质及地基基础的设计材料。

②根据结构类型、荷载大小及使用要求，结合地形地貌、土层结构、土质条件、地下水特征、周围环境和相邻建筑物等因素，初步选定几种可供考虑的地基处理方案。另外，在选择地基处理方案时，应同时考虑上部结构、基础和地基的共同作用；也可选用加强结构措施（如设置圈梁和沉降缝等）和处理地基相结合的方案。

③对初步选定的各种地基处理方案，分别从处理效果、材料来源及消耗、机具条件、施工进度、环境影响等方面进行认真的技术经济分析和对比，根据安全可靠、施工方便即经济合理等原则，从而因地制宜地循着最佳的处理方法。值得注意的是，每一种处理方法都有一定的适用范围、局限性和优缺点，没有一种处理方案是万能的，必要时也可选择两种或多重地基处理方法组成的综合方案。

④对已选定的地基处理方法，应按建筑物重要性和场地复杂程度，可在有代表性的场地上进行相应的现场试验和试验性施工，并进行必要的测试以验算设计参数和检验处理效果。如达不到设计要求时，应查找原因、采取措施或修改设计以达到满足设计的要求为目的。

⑤地基土层的变化是复杂多变的，因此，确定地基处理方案，一定要有经验的工程技术人员参加，对重大工程的设计一定要请专家们参加。当前，有一些重大的工程，由于设计部门的缺乏经验和过分保守，往往使很多方案确定得不合理，浪费也是很严重的，必须

引起有关领导的重视。

五、基础工程

（一）浅基础

通常把埋置深度不大，只须经过挖槽、排水等普通施工程序就可以建造起来的基础称为浅基础。它可扩大建筑物与地基的接触面积，使上部荷载扩散。浅基础主要包括：①独立基础（如大部分柱基）；②条形基础（如墙基）；③筏形基础（如水闸底板）。当浅层土质不良，须把基础埋置于深处的较好地层时，就要建造各种类型的深基础，如桩基础、墩基础、沉井或沉箱基础、地下连续墙等，它将上部荷载传递到周围地层或下面较坚硬地层上。

（二）桩基础

一种古老的地基处理方式。中国隋朝的郑州超化寺塔和五代的杭州湾海堤工程都采用桩基。按施工方法不同，桩可分为预制桩和灌注桩。预制桩是将事先在工厂或施工现场制成的桩，用不同沉桩方法沉入地基；灌注桩是直接在设计桩位开孔，然后在孔内浇灌混凝土而成。

（三）沉井和沉箱基础

沉井又称开口沉箱。它是将上下开敞的井筒沉入地基，作为建筑物基础。沉井有较大的刚度，抗震性能好，既可作为承重基础，又可作为防渗结构。

（四）地下连续墙

利用专门机具在地基中造孔、泥浆固壁、灌注混凝土等材料而建成的承重或防渗结构物。它可做成水工建筑物的混凝土防渗墙；也可做一般土木建筑的挡土墙、地下工程的侧墙等，墙厚一般 40～130 cm。世界上最深的混凝土防渗墙达 131 m（加拿大马尼克三级坝）。

（五）土基加固

采取专门措施改善土基的工程性质。土基加固方法很多，如置换法、碾压法、强夯法、爆炸压密、砂井、排水法、振冲法、灌浆、高压喷射灌浆等。

（六）置换法

置换法是将建筑物基础地面以下一定范围内的软弱土层挖除，置换以良好的无侵蚀性急低压缩性的散粒材料（土、砂、碎石）或与建筑物相同的材料，然后压实或夯实。一般用基用砂或碎石置换，称砂垫层或碎石垫层。

（七）强夯法

用几十吨重的夯锤，从几十米高处自由落下，进行强力夯实的地基处理方法。夯锤一般重 10~40 t，落距 6~40 m，处理深度可达 10~20 m。采用强夯法要注意可能发生的副作用及其对邻近建筑物的影响。

（八）排水法

排水法是采取相应措施如砂垫层、排水井、塑料多孔排水板等，使软基表层或内部形成水平或垂直排水通道，然后在土壤自重或外界荷载作用下，加速土壤中水分的排出，使土壤固结的方法。

如排水井法：在地基内按一定的间距打孔，孔内灌注透水性良好的沙，缩短排水路径，并在上部施加预压荷载的处理方法。它可加速地基固结和强度增长，提高地基稳定性，并使基础沉降提前完成。沙井直径一般 25~50 cm，间距 2~3 m。沙井一般用射水法造孔，也可采用袋沙井、排水纸板等，还可采用真空预压法，即用抽真空的办法加压，可取得相应于 80 kPa 的等效荷载。

（九）振冲法

用振冲器加固地基的方法，即在沙土中加水振动使沙土密实。用振冲法造成的沙石桩或碎石桩，都称振冲桩（见桩工）。

（十）灌浆

借助于压力，通过钻孔或其他设施将浆液压送到地基孔隙或缝隙中，改善地基强度或防渗性能的工程措施，主要有固结灌浆、帷幕灌浆、接触灌浆、化学灌浆，以及高压喷射灌浆。

1. 固结灌浆

是通过面状布孔灌浆，以改善基岩的力学性能，减少基础的变形和不均匀沉降；改善工作条件，减少基础开挖深度的一种方法，特点是灌浆面积较大、深度较浅、压力较小。

2. 帷幕灌浆

是在基础内，平行于建筑物的轴线，钻一排或几排孔，用压力灌浆法将浆液灌入到岩石的缝隙中去，形成一道防渗帷幕，截断基础渗流，降低基础扬压力的一种方法，特点是：深度较深、压力较大。

3. 接触灌浆

是在建筑物和岩石接触面之间进行灌浆，以加强二者之间的结合程度和基础的整体性，提高抗滑稳定，同时也增进岩石固结与防渗性能的一种方法。

4. 化学灌浆

是以一种高分子有机化合物为主体材料的灌浆方法。这种浆材成溶液状态，能灌入0.10 mm以下的细微管缝，浆液经过一定时间起化学作用，可将裂缝黏合起来形成凝胶，起到堵水防渗以及补强的作用。

5. 高压喷射灌浆

通过钻入土层中的灌浆管，用高压压入某种流体和水泥浆液，并从钻杆下端的特殊喷嘴以高速喷射出去的地基处理方法。在喷射的同时，钻杆以一定速度旋转，并逐渐提升；高压射流使四周一定范围内的土体结构遭受破坏，并被强制与浆液混合，凝固成具有特殊结构的圆柱体，也称旋喷桩。如采用定向喷射，可形成一段墙体，一般每个钻孔定喷后的成墙长度为3~6 m。用定喷在地下建成的防渗墙称为定喷防渗墙。喷射工艺有三种类型：①单管法，只喷射水泥浆液；②二重管法，由管底同轴双重喷嘴同时喷射水泥浆液及空气；③三重管法，用三重管分别喷射水、压缩空气和水泥浆液。

（十一）水泥土搅拌桩

水泥土搅拌桩地基系利用水泥作为固化剂，通过深层搅拌机在地基深部，就地将软土和固化剂（浆体或粉体）强制拌和，利用固化剂和软土发生一系列物理、化学反应，使凝结成具有整体性、水稳性好和较高强度的水泥加固体，与天然地基形成复合地基。

（十二）岩基加固

少裂隙、新鲜、坚硬的岩石，强度高、渗透性低，一般可以不加处理作为天然地基，但风化岩、软岩、节理裂隙等构造发育的岩石，须采取专门措施进行加固。岩基加固的方法，有开挖置换、设置断层混凝土塞、锚固、灌浆等。

（十三）开挖置换

类似土基加固的换土法，将设计规定的建筑物建基高程以上的风化岩全部开挖，用混凝土置换。

（十四）设置断层混凝土塞

将断层内断层角砾岩、断层泥挖除至一定深度，回填混凝土，形成混凝土塞。

（十五）锚固

在岩石内埋设锚索，用以抵抗侧向力或向上的力；通常锚索为被水泥浆或其他固定剂所包裹的高强度钢件（钢筋、钢丝或钢束），锚固法也可以加固土基。

（十六）灌浆

主要有帷幕灌浆和固结灌浆。

第二节　清基处理

一、新堤清基

①堤基处理属隐蔽工程，直接影响堤的安全。一旦发生事故，较难补救，因此，必须按设计要求认真施工，清基厚度不小于 0.3 m，直至清到原状土为止，清基的范围大于设计边线 5 m。

②根据设计要求，充分研究工程地质和水文地质资料，制定有关技术措施，对于缺少或遗漏的部分，会同设计单位补充勘探和试验。

③清理堤基及铺盖地基时，将树木、草皮、树根、乱石、坟墓以及各种建筑物等全部消除，并认真做好水井、泉眼、地道、洞穴等的处理。

④堤基表层的粉土、细砂、淤泥、腐殖土、泥炭均应按设计要求清除。

⑤工程范围内的地质勘探孔、竖井、平洞、试坑均按图逐一检查，彻底处理。

⑥清基结束，进行碾压并经联合验收合格后方进行下一道施工工序。

二、质量控制措施

（1）在施工中应积极推行全面质量管理，并加强人员培训，建立健全各级责任制，以保证施工质量达到设计标准、工程安全可靠与经济合理。

（2）施工人员必须对质量负责，做好质量管理工作，实行自检、互检、交接班检，并设立主要负责人领导下的专职质量检查机构。

（3）质检人员与施工人员都必须树立“预防为主”和“质量第一”的观点，双方密切配合，控制每一道工序的操作质量，防止发生质量事故。

（4）质量控制按国家和部颁的有关标准、工程的设计和施工图、技术要求以及工地制定的施工规程制度执行，质量检查部门对所有取样检查部位的平面位置、高程、检验结果等均应如实记录，并逐班、逐日填写质量报表，分送有关部门和负责人。质检资料必须妥善保存，防止丢失，严禁自行销毁。

（5）质量检查部门应在验收小组领导下，参加施工期的分部验收工作，特别隐蔽工程，应详细记录工程质量情况，必要时应照相或取原状样品保存。

（6）施工过程中，对每班出现的质量问题、处理经过及遗留问题，在现场交接班记录本上详细写明，并由值班负责人签署。针对每一质量问题，在现场做出的决定，必须由主管技术负责人签署，作为施工质控的原始记录。

（7）发生质量事故时，施工部门应会同质检部门查清原因，提出补救措施，及时处理，并提出书面报告。

（8）质量检验的仪器及操作方法，按照部颁发的《土工试验规程》（SD128—87）进行。

（9）试验及仪器使用建立责任制，仪器应定期检查与校正，并作如下规定：

①环刀每半月校核一次重量和容积，发现损坏时即停止使用。

②铝盒每月检查一次重量，检查时应擦洗干净并烘干。

③天平等衡器每班应校正一次，并随时注意其灵敏度。

三、堤基处理质量控制

①堤基处理过程中，必须严格按设计和有关规范要求，认真进行质量控制，并应事先明确检查项目和方法。

②填筑前按有关规范对堤基进行认真检查。

四、洒水湿润情况

①铺土厚度和碾压参数。

②碾压机具规格、重量。

③随时检查碾压情况，以判断含水量、碾重等是否适当。

④有无层间光面、剪力破坏、弹簧土、漏压或欠压土层、裂缝等。

⑤堤坡控制情况。

第三节　岩石地基灌浆

一、灌浆方法

基岩灌浆有多种方法，按照浆液流动的方式分，有纯压式灌浆和循环式灌浆；按照灌浆段施工的顺序分，有自上而下灌浆和自下而上灌浆等。它们各有优缺点，各自适应不同的情况。

（一）纯压式和循环式灌浆

1. 纯压式灌浆

将浆液灌注到灌浆孔段内，不再返回的灌浆方式称为纯压式灌浆。

纯压式灌浆的浆液在灌浆孔段中是单向流动的，没有回浆管路，灌浆塞的构造也很简单，施工工效也较高，这是它的优点；它的缺点是，当长时间灌注后或岩层裂隙很小时，浆液的流速慢，容易沉淀，可能会堵塞一部分裂隙通道，解决这一问题的办法是提高浆液的稳定性，如在浆液中掺加适量的膨润土，或者使用稳定性浆液。

2. 循环式灌浆

浆液灌注到孔段内，一部分渗入岩石裂隙，一部分经回浆管路返回储浆桶，这种方法称为循环式灌浆。为了达到浆液在孔内循环的目的，要求射浆管出口接近灌浆段底部，规范规定其距离不大于 50 cm。

循环式灌浆时，无论何时灌浆孔段内的浆液总是保持着流动状态，因而可最大限度地减少浆液在孔内的沉淀现象，不易过早地堵塞裂隙通道，因而有利于提高灌浆质量，这是其优点；它的缺点是，比纯压式灌浆施工复杂、浆液损耗量大、工效也低一些，在有的情况下，如灌注浆液较浓，注入率较大，回浆很少，灌注时间较长，等等，可能会发生孔内浆液凝住射浆管的事故。

在国外，纯压式灌浆采用比较普遍。帷幕灌浆方式宜采用循环式灌浆，也可采用“纯压式灌浆”“浅孔固结灌浆可采用纯压式灌浆”。各个工程应根据工程具体情况选用。

（二）自上而下和自下而上灌浆

1. 自上而下灌浆

自上而下灌浆法（也称下行式灌浆法）是指自上而下分段钻孔、分段安装灌浆塞进行的灌浆。在孔口封闭灌浆法推广以前，我国多数灌浆工程采用此法。

采用自上而下灌浆法时，各灌浆段灌浆塞分别安装在其上部已灌浆段的底部。每一灌浆段的长度通常为 5 m，特殊情况下可适当缩短或加长，但最长也不宜大于 10 m，其他各种灌浆方法的分段要求也是如此。灌浆塞在钻孔中预定的位置上安装时，有时候由于钻孔工艺或地质条件的原因，可能达不到封闭严密的要求，在这种情况下，灌浆塞可适当上移，但不能下移。自上而下灌浆法可适用于纯压式灌浆和循环式灌浆，但通常与循环式灌浆配套采用。

2. 自下而上灌浆

自下而上灌浆法（也称上行式灌浆法）就是将钻孔一次钻到设计孔深，然后自下而上逐段安装灌浆塞进行灌浆的方法。这种方法通常与纯压式灌浆结合使用，很显然，采用自下而上灌浆法时，灌浆塞在预定的位置塞不住，其调整的方法是适当上移或下移，直至找到可以塞住的位置。如上移时就加大了灌浆段的长度，《水工建筑物水泥灌浆施工技术规范》规定，当灌浆段长度大于 10 m 时，应当采取补救措施。补救的方法一般是在其旁布置检查孔，通过检查孔发现其影响程度，同时可进行补灌。

3. 综合灌浆法

综合灌浆法是在钻孔的某些段采用自上而下灌浆，另一些段采用自下而上灌浆的方法。这种方法通常在钻孔较深、地层中间夹有不良地质段的情况下采用。

4. 全孔一次灌浆

全孔一次灌浆法是指整个灌浆孔不分段一次进行的灌浆。《水工建筑物水泥灌浆施工技术规范》规定，这种方法一般在孔深不超过 6 m 的浅孔灌浆时采用，也有的工程放宽到 8~10 m。全孔一次灌浆法可采用纯压式灌浆，也可采用循环式灌浆。

孔口封闭法能可靠地进行高压灌浆，不存在绕塞返浆问题，事故率低；能够对已灌段进行多次复灌，对地层的适应性强，灌浆质量好，施工操作简便，工效较高，每段均为全孔灌浆，全孔受压，近地表岩体抬动危险大。孔内占浆量大，浆液损耗多，灌后扫孔工作量大，有时易发生铸灌浆管事故，适宜于较高压力和较深钻孔的各种灌浆。水平层状地层慎用。

（三）孔口封闭灌浆法

孔口封闭法是我国当前用得最多的灌浆方法，它是采用小口径钻孔，自上而下分段钻进，分段进行灌浆，但每段灌浆都在孔口封闭，并且采用循环式灌浆法。

孔口封闭法是成套的施工工艺，施工人员应完整地掌握其技术要点，而不能随意肢解，各取所需。

1. 钻孔孔径

孔口封闭法适宜于小口径钻孔灌浆，因此钻孔孔径宜为 φ46～φ76 mm。与 φ42 mm 或 φ50 mm 的钻杆（灌浆管）相配合，保持孔内浆液能较快地循环流动。

2. 孔口段灌浆

灌浆孔的第一段即孔口段是镶铸孔口管的位置，各孔的这一段应当先钻出，先进行灌浆。孔口段的孔径要比灌浆孔下部的孔径大 2 级，通常为 76 mm 或 91 mm。孔口段的深度应与孔口管的长度一致。灌浆时在混凝土盖板与岩石界面处安装灌浆塞，进行循环式或纯压式灌浆，直至达到结束条件。

3. 孔口管镶铸

镶铸孔口管是孔口封闭法的必要条件和关键工序。孔口管的直径应与孔口段钻孔的直径相配合，通常采用 φ73 mm 或 φ89 mm。孔口管的长度应当满足深入基岩 1～2.5 m 和高出地面 10 cm，灌浆压力高或基岩条件差时，深入基岩应当长一些。孔口管的上端应当预先加工有螺纹，以便安装孔口封闭器。孔口段灌浆结束后应当随即镶铸孔口管，即将孔口管下至孔底，管壁与钻孔孔壁之间填满 0.5∶1 的水泥浆，导正并固定孔口管，待凝 72 h。

4. 孔口封闭器

由于灌浆孔很深，灌浆管要深入到孔底，所以必须确保在灌浆过程中灌浆管不被浆液凝固铸死，因此，孔口封闭器的作用十分重要。规范要求，孔口封闭器应具有良好的耐压和密封性能，在灌浆过程中灌浆管应能灵活转动和升降。

5. 射浆管

孔口封闭法的射浆管即孔内灌浆管，也就是钻杆。射浆管必须深入灌浆孔底部，离孔底的距离不得大于 50 cm，这是形成循环式灌浆的必要条件。

6. 孔口各段灌浆

孔口段及其以下 2～3 段段长划分宜短，灌浆压力递增宜快，这样做的目的一方面是为了减少抬动危险，另一方面是尽快达到最大设计压力。通常孔口三段按 2 m、1 m、2 m 段长划分，第四段恢复到 5 m 长度，并升高到设计最大压力。

7. 裂隙冲洗及简易压水

除地质条件不允许或设计另有规定外，一般孔段均合并进行裂隙冲洗和简易压水。

需要注意的是各段压水虽然都在孔口封闭，全孔受压，但在计算透水率时，试段长度只取未灌浆段的段长，已灌浆段视为不透水。

8. 活动灌浆管和观察回浆

采用孔口封闭法进行灌浆，特别是在深孔（大于 50 m）、浓浆（小于 0.7∶1）、高压力（大于4 MPa）、大注入率和长时间灌注的条件下必须经常活动灌浆管和十分注意观察回浆。灌浆管的活动包括转动和上下升降，每次活动的时间1～2 min，间隔时间2～10 min，视灌浆时的具体情况而定，回浆应经常保持在15 L/min以上。这两条措施都是为了防止在灌浆的过程中灌浆管被凝住。

9. **灌浆结束条件**

孔口封闭法的灌浆结束条件比其他灌浆方法严格一些，主要表现在达到设计压力和足够小的注入率以后的持续时间稍长。这样做的目的是使灌入岩体的浆液受到更充分的挤压、脱水、密实，从而可以紧接着进行以下孔段的钻灌作业，而不必待凝。

10. **不待凝**

一个灌浆段灌浆结束以后，不待凝，立即进行下一段的钻孔和灌浆作业。孔口封闭灌浆法诞生以前，灌浆后的待凝大大影响灌浆工效的提高，此问题曾长期困扰灌浆工程界。孔口封闭法的实践成功地解决了这一问题，它的技术保证就是上述的灌浆结束条件。

二、基岩帷幕灌浆

帷幕灌浆通常布置在靠近坝基面的上游，是应用最普遍、工艺要求较高的灌浆工程。

（一）施工的条件与施工次序

基岩帷幕灌浆通常应当在具备了以下条件后实施：

①灌浆地段上覆混凝土已经浇筑了足够厚度，或灌浆隧洞已经衬砌完成。上覆混凝土的具体厚度各工程规定不一，龙羊峡水电站要求为30 m；也有的工程要求为15 m，应视灌浆压力的大小而定。

②同一地段的固结灌浆已经完成。

③基岩帷幕灌浆应当在水库开始蓄水以前，或蓄水位到达灌浆区孔口高程以前完成。

基岩帷幕灌浆通常由一排孔、二排孔或多排孔组成。由二排孔组成的帷幕，一般应先进行下游排的钻孔和灌浆，然后再进行上游排的钻孔和灌浆；由多排孔组成的帷幕，一般应先进行边排孔的钻孔和灌浆，然后向中间排逐排加密。

单排孔组成的帷幕应按三个次序施工，各次序孔按“中插法”逐渐加密，先导孔最先施工，接着顺次施工Ⅰ、Ⅱ、Ⅲ次序孔，最后施工检查孔。由两排孔或多排孔组成的帷幕，每排可以分为二个次序施工。

原则上说，各排各序都要按照先后次序施工，也就是说应当先序排、先序孔施工完成以后，方可以开始后序排、后序孔的施工。但是，为了加快施工进度，减少窝工，灌浆规范规定，当前一序孔保持领先15 m的情况下，相邻后序孔也可以随后施工。

坝体混凝土和基岩接触面的灌浆段应当先行单独灌注并待凝。

（二）帷幕灌浆孔钻孔的要求

帷幕灌浆孔钻孔的钻机最好采用回转式岩芯钻机、金刚石或硬质合金钻头。这样钻出来的孔孔型圆整，孔斜较易控制，有利于灌浆，以往，经常采用的是钢粒或铁砂钻进，但在金刚石钻头推广普及之后，除有特殊需要外，钻粒钻进一般就用得很少了。

为了提高工效，国内外已经越来越多地采用冲击钻进和冲击回转钻进。但是由于冲击钻进要将全部岩芯破碎，因此，岩粉较其他钻进方式多，故应当加强钻孔和裂隙冲洗。另外，在同样情况下冲击钻进较回转钻进的孔斜率大，这也是应当加以注意的。

在各种灌浆中帷幕灌浆孔的孔斜要求是较高的，因此，应当切实注意控制孔斜和进行孔斜测量。

（三）先导孔施工

1. 先导孔的作用

一项灌浆工程在设计阶段通常难以获得最充分的地质资料，因此，在施工之初，利用部分灌浆孔取得必要的补充地质资料或其他资料，用以检验和核对设计及施工参数，这些最先施工的灌浆孔就是先导孔。

先导孔的工作内容主要是获取岩芯和进行压水试验，同时要完成作为Ⅰ序孔的灌浆任务。

2. 先导孔的布置

先导孔应当在工序孔中选取，通常1~2个单元工程可布置一个，或按本排灌浆孔数的10%布置。双排孔或多排孔的帷幕先导孔应布置在最深的一排孔中并最先施工，先导孔的深度一般应比帷幕设计孔深深5 m。

设计阶段资料不足或有疑问的地段可重点布置先导孔。

但应注意，虽然先导孔具有补充勘探的性质，非不得已不要把勘探设计阶段的任务任意或大量地转移到先导孔来完成。这是因为在施工阶段进行的先导孔施工受工期、技术和预算等条件的影响，通常不易做得很细，难以满足设计的要求。

3. 先导孔施工的方法

先导孔通常使用回转式岩芯钻机自上而下分段钻孔，采取岩芯，分段安装灌浆塞进行压水试验。压水试验的方法为三级压力五个阶段的五点法。

先导孔各孔段的灌浆宜在压水试验后接着进行。这样灌浆效果好，且施工简便，压水试验成果的准确性可满足要求。也有在全孔逐段钻孔、逐段进行压水试验直到设计深度后，再自下而上逐段安装灌浆塞进行纯压式灌浆直至孔口的。除非钻孔很浅，不允许对先导孔采取全孔一次灌浆法灌浆。

（四）浆液变换

在灌浆过程中，浆液浓度的使用一般是由稀浆开始，逐级变浓，直到达到结束标准。过早地换成浓浆，常易将细小裂隙进口堵塞，致使未能填满灌实，影响灌浆效果；灌注稀浆过多，浆液过度扩散，造成材料浪费，也不利于结石的密实性。因此，根据岩石的实际情况，恰当地控制浆液浓度的变换是保证灌浆质量的一个重要因素。一般当灌浆段内的细小裂隙多时，稀浆灌注的时间应长一些；反之，如果灌浆段中的大裂隙多，则应较快换成较浓的浆液，使灌注浓浆的历时长一些。

灌浆过程中浆液浓度的变换应遵循如下原则：

当灌浆压力保持不变，吸浆量均匀地减少时，或当吸浆量不变，压力均匀地升高时，不需要改变水灰比。

当某一级水灰比浆液的灌入量已达到某一规定值（如 300 L）以上，或灌浆时间已达到足够长（如 30 min），而灌浆压力及吸浆量均无显著改变时，可改换浓一级浆液灌注。

当其注入率大于 30 L/min 时，可根据具体情况越级变浓。

改变水灰比后，如灌浆压力突增或吸浆率锐减，应立即查明原因。

每一种比级的浆液累计吸浆量达到多少时才允许变换一级，这个数值要根据地质条件和工程具体情况而定，一般情况下可采用 300 L，原则是尽量使最优水灰比的浆液多灌入一些（最优水灰比通过灌浆试验得出）。

对于“无显著改变”的理解可以量化为，某一级浓度的浆液在灌注了一定数量之后，其注入率仍大于初始注入率的 70%，就属于“无显著改变”。

固结灌浆的浆液比级与变换原则可参照帷幕灌浆。

近些年来，欧洲兴起了一种采用稳定浆液灌浆的方法，只使用一种水灰比的浆液，不进行浆液变换。

（五）抬动观测

1. 抬动观测的作用

在一些重要的工程部位进行灌浆，特别是高压灌浆时，有时要求进行抬动观测。抬动观测有两个作用：

①了解灌浆区域地面变形的情况，以便分析判断这种变形对工程的影响；

②通过实时监测，及时调整灌浆施工参数，防止上部构筑物或地基发生抬动变形。

2. 抬动观测的方法

常用的抬动观测方法包括：

（1）精密水准测量

即在灌浆范围内埋设测桩或建立其他测量标志，在灌浆前和灌浆后使用精密水准仪测量测桩或标点的高程，对照计算地面升高的数值，必要时也可在灌浆施工的中期进行加测。这种方法主要用来测量累计抬动值。

（2）测微计观测

建立抬动观测装置，安装百分表、千分表或位移传感器进行监测。浅孔固结灌浆的抬动观测装置的埋置深度应大于灌浆孔深度，深孔灌浆抬动观测装置的深度一般不应小于20 m。这种方法用来监测每一个灌浆段在灌浆过程中的抬动值变化情况，指导操作人员实时控制灌浆压力，防止发生抬动或抬动值超过限值。

这种抬动观测在压水和灌浆过程中应连续进行，时间间隔可为5～10 min，但当抬动速率较快时，时间间隔应当缩小至1～2 min。

根据观测的目的要求可以选用其中的一种观测方法，但在灌浆试验时或对抬动敏感地带，应当同时采用上述两种方法进行观测。

（六）特殊情况处理

灌浆施工过程中经常会遇到一些特殊情况，使得灌浆施工无法按正常的方法进行，这时必须针对不同的情况采取处理措施。

1. 冒浆

冒浆是指某一孔段灌浆时在其周围的地面或其他临空面，或结构物的裂缝冒出浆液。

轻微的冒浆，可让其自行凝固封闭；严重者，可变浓浆液、降低灌浆压力或间歇中断待凝，必要时应采取堵漏措施，如用棉纱、麻刀、木楔等嵌填漏浆的缝隙。

2. 串浆

串浆是指正在灌浆的孔段与相邻的钻孔串通，浆液在邻孔中串漏出来。

对这种情况，应争取将所有互串孔同时进行灌浆。如其总的注入率不大于泵的正常排浆能力，可用一台泵以并联法作群孔灌浆，否则应用多台泵分别灌浆。若因条件限制，不能采用多台泵灌浆时，可暂将被串孔塞住，待灌浆孔灌完后再将被串孔内的浆液清理出来进行补灌。应用一台泵或多台泵进行群孔灌浆时，应当密切注意防止地面抬动。

3. 灌浆中断

一个孔段的灌浆作业应连续进行直到结束，尽量避免中断。实际施工中发生的中断有两种情况：一是被迫中断，如机械故障、停电、停水、器材问题等；二是有意中断，如实行间歇灌浆，制止串冒浆等。

发生前一种中断情况，应立即采取措施排除故障，尽快恢复灌浆。恢复时一般应从稀浆开始，如注入率与中断前接近，则可尽快恢复到中断前的浆液稠度，否则应逐级变浓。若恢复后的注入率减少很多，且短时间内停止吸浆，这说明裂隙因中断被堵塞，应起出栓塞进行扫孔和冲洗后再灌。

有意待凝后的中断，之后应先扫孔至原深度后再进行复灌。

4. 绕塞渗漏

绕塞渗漏是指浆液沿着孔壁或基岩裂隙绕过灌浆塞渗漏到孔口外面来。在进行自下而上分段灌浆时，由于灌浆孔孔壁不圆整、岩石陡倾角裂隙发育或灌浆塞阻塞封闭不严等原因，浆液绕流到灌浆塞上面，时间一长，灌浆塞就会被凝固在孔里。

为避免发生这种现象，在灌浆前进行压水试验时应当注意检查，看有无绕塞返水现象，如果发现压水时孔口返水，应再度压紧灌浆塞或移动位置重新安装灌浆塞。

当灌浆时发现浆液绕过栓塞从孔口流出时，应立即松开栓塞，并通过栓塞注水冲洗，直至孔口返出清水为止。如果孔径较大，灌浆塞位置不深、绕流出的浆液流量不大时，也可以在孔中下入水管至灌浆塞的上面，通水冲洗，直至灌浆结束。

从根本上预防绕塞返浆的措施是：

①采用孔口封闭灌浆法；

②采用自上而下分段灌浆法；

③采用金刚石或合金钻头钻进灌浆孔；

④采用膨胀量大、适应孔型好的灌浆塞。

5. 孔口涌水

灌浆孔孔口涌水有两个原因：一是钻孔与地层中承压水穿透；二是灌浆孔孔口高程低于地下水或河水、库水水位。灌浆孔孔口涌水轻则影响灌浆效果，当涌水压力大时甚至导致灌浆难以进行。

第一种情况通常在钻孔时很容易发现，这时无论原计划是采用自上而下还是自下而上灌浆方法，无论已经钻进的孔段长度是否已经达到 5 m 或其他规定的长度，都应当停止钻进，先对本段进行灌浆处理。灌浆前可以使钻孔充分排水。有时承压水量不大，排水一段时间后，压力释放了，之后就可以按常规办法灌浆；有时承压水量很大，长时间排水也无济于事，这时应当测量承压水的压力和流量，有针对性地采取如下处理措施：

①使用最浓级浆液灌注，必要时浆液中可加入速凝剂；

②使用纯压式灌浆方式；

③提高灌浆压力；

④进行屏浆、闭浆和待凝。

有时候，一次处理不行还需要反复处理多次，直到能达到正常结束条件后再进行以下孔段的钻孔和灌浆。

第二种情况较常遇见，当涌水压力和流量较大时也应按上述方法处理。当涌水压力和流量不大时，则在常规灌浆方法的基础上适当提高灌浆压力和增加闭浆待凝措施即可。

所谓屏浆，是指灌浆段的灌浆达到结束条件后（压力、注入率、持续时间满足要求），再继续使用灌浆泵对灌浆孔段灌注稀浆，施加压力的措施。这实际上也是将结束条件中的“持续时间”延长。

所谓闭浆，是指灌浆段的灌浆结束后，不卸除灌浆塞，继续保持灌浆孔段的封闭状态的措施。

6. 浆液失水变浓

在细微裂隙发育的岩层中灌浆，常常会遇到浆液失水变浓的情况。通常可以采取的措施是：

①将已经变浓的浆液弃除，换用新浆灌注。实践证明换用新浆以后还可以注入一部分浆液，原浆加水没有作用。

②适当提高灌浆压力，进一步扩张裂隙，增大注入量，但应防止岩体抬动。

③当大面积发生失水变浓现象时，说明灌浆材料不适用该地层，应当改换灌浆材料，如使用细水泥、超细水泥或湿磨水泥等。

7. 岩体抬动

灌浆工程中有时会发生地面隆起、岩体劈裂或建筑物抬升裂缝等现象，这种情况除了可以通过肉眼观察或仪器观测发现之外，还可以从灌注压力和注入率的异常发觉，如灌浆压力突降、注入率陡增等都是建筑物或岩体可能发生变形的征兆。这时应当立即降低灌浆压力或停灌待凝，同时调查变形的部位及其可能造成的危害，复灌时要以低压浓浆小流量灌注。

抬动变形通常限制在0.2 mm以内，超过此限被认为是有害变形，必须防止。抬动一般是不可逆的，既要限制一次抬动量，也要限制累计抬动量。有的工程要求累计抬动值不超过2 mm。

8. 微渗漏孔段的灌浆

有的灌浆段灌前压水试验透水率很低，已经低于设计要求的防渗标准（3 Lu、1 Lu或更低），对这种情况是否需要灌浆？《水工建筑物水泥灌浆施工技术规范》已经规定，仍应当进行灌浆。这是因为灌前压水试验使用的压力通常较低，而灌浆压力较高，实践表明许多灌前透水率小的孔段实际灌浆时仍然注入了不少的浆液。二滩工程规定遇此情况时，可与下一个灌浆段合并灌浆，但不许超过两段。

9. 复灌

即在灌浆段已经进行过灌浆的基础上，重复进行灌浆。一般情况下，复灌前应当进行扫孔，除非有明显迹象证明原灌浆孔畅通。复灌采用的压力、浆液水灰比等参数应视前一次灌浆的情况而定，有的可采用前次灌浆结束时的参数，有的应采用灌浆开始时的参数。复灌应当达到规定的结束条件，一次达不到结束条件时应当再次或多次复灌。

10. 铸管

铸管，即灌浆管（钻杆）被水泥浆凝固在孔中。这种情况一般发生在孔口封闭灌浆法施工中，可以采取以下措施预防：

①当灌浆进入持续时间阶段以后，改用水灰比为 1∶1 的较稀水泥浆进行循环。在持续时间内，由于高压、高流速和高温的作用，浆液极易失水变浓，甚至发生假凝，这时应及时将浆液调稀；

②如持续时间已经超过 20 min，可适当上提部分灌浆管（钻杆），或者改循环式灌浆为纯压式灌浆。

如已经发现铸管征兆，应立即采取如下措施：

①立即放开回浆阀门，使用稀浆或清水进行冲孔。如此时钻杆尚能转动，应继续保持转动不停；

②使用钻机油缸、卷扬或其他起吊设备强力提升钻杆。

如无效，就要按孔内事故处理或报废该孔了。

（七）灌浆结束条件

灌浆结束条件对于灌浆施工十分重要，它对灌浆工程的质量、工效和成本都有较大影响。

我国水利行业标准《水工建筑物水泥灌浆施工技术规范》SL62—1994 规定：帷幕灌浆采用自上而下分段灌浆法时，在规定压力下，当注入率大于 0.4 L/min 时，继续灌注 60 min；或不大于 1 L/min 时，继续灌注 90 min，灌浆可以结束。

采用自下而上分段灌浆法时，继续灌注的时间可相应地减少为 30 min 和 60 min，灌浆可以结束。

当采用孔口封闭灌浆法时，灌浆应同时满足两个条件：在设计压力下，注入率不大于 1 L/min，延续灌注时间不少于 90 min；灌浆全过程中，在设计压力下的灌浆时间不少于 120 min，方可结束。

电力行业标准《水工建筑物水泥灌浆施工技术规范》DL/T 5148—2001 稍有调整：采用自上而下分段灌浆法时，灌浆段在最大设计压力下，注入率不大于 1 L/min 后，继续灌注 60 min，可结束灌浆。

采用自下而上分段灌浆法时，在该灌浆段最大设计压力下，注入率不大于 1 L/min 后，继续灌注 30 min，可结束灌浆。

当采用孔口封闭灌浆法时，在该灌浆段最大设计压力下，注入率不大于 1 L/min，继续灌注 60~90 min，可结束灌浆。

我国的大多数工程采用了上述结束条件。少数工程，主要是利用外资的工程采用的灌浆结束条件不大相同，如二滩工程规定：灌浆应灌到孔中不显著吸浆为止。不显著吸浆的含义是指灌浆段长 3~6 m 或其他规定长度的孔段，在设计最大压力下每 10 min 吸浆不大于 10 L，在压力降到允许最大压力的 75%时，10 min 内吸浆为 0。小浪底工程规定：进行帷幕灌浆时，在设计压力下，灌浆段吸浆率小于 1 L/min，继续灌注 30 min 后可以结束；采用自下而上分段灌浆时，继续灌注的时间缩短为 15 min。

（八）封孔

各灌浆孔、测试孔（检查孔）完成灌浆或测试检查任务后，均应很好地将孔回填封堵密实。《水工建筑物水泥灌浆施工技术规范》DL/T 5148—2001 提出了三种封孔方法。

1. 导管注浆法

全孔灌浆完毕后，将导管（胶管、铁管或钻杆）下入到钻孔底部，用灌浆泵向导管内泵入水灰比为 0.5 的水泥浆。水泥浆自孔底逐渐上升，将孔内余浆或积水顶出孔外。在泵入浆液过程中，随着水泥浆在孔内上升，可将导管徐徐上提，但应注意务使导管底口始终保持在浆面以下。工程有专门要求时，也可注入砂浆。这种封孔方法适用于浅孔和灌浆后孔口没有涌水的钻孔。

值得注意的是切忌：不用导管，径直向孔口注入浆液。那样因为孔内的水或稀浆不能被置换出来，会在钻孔中留下通道。

2. 全孔灌浆法

全孔灌浆完毕后，先采用导管注浆法将孔内余浆置换成为水灰比 0.5 的浓浆，而后将灌浆塞塞在孔口，继续使用这种浆液进行纯压式灌浆封孔。封孔灌浆的压力可根据工程具体情况确定，采用尽可能大的压力，一般不要小于 1 MPa。当采用孔口封闭法灌浆时，可使用最大灌浆压力，灌浆持续时间不应小于 1 h。经验表明，当采用这种方法封孔时，孔内水泥浆液结石密度都可达到 2.0 g/cm^3以上，抗压强度 20 MPa 以上，孔口无渗水。

当采用自下而上灌浆法，一孔灌浆结束后，通常全孔已经充满凝固或半凝固状态的浓稠浆体，在这种情况下可直接在孔口段进行封孔灌浆。

3. 分段灌浆封孔法

全孔灌浆完毕后，自下而上分段进行纯压式灌浆封孔，分段长度 20~30 m，使用浆液水灰比0.5，灌浆压力为相应深度的最大灌浆压力，持续时间一般为30 min，孔口段为1 h。这种方法适用于采用自上而下分段灌浆、孔深较大和封孔较为困难的情况。

第四节 沙砾石地层灌浆

并不是所有的软土地基都适合灌浆，沙砾石的可灌性是指沙砾石地层能否接受灌浆材料灌入的一种特性。沙砾石地基的可灌性灌浆材料的细度、灌浆的压力和灌浆工艺等因素。

沙砾石地基是比较松散的地层，其空隙率大，渗透性强、L壁易坍塌等。因而，在灌浆施工中，为保证灌浆质量和施工的进行，还需要采取一些特殊的施工工艺措施。

一、可灌性

可灌性指沙砾石地基能接受灌浆材料灌入的一种特性。可灌性主要取决于地基的颗粒级配、灌浆材料的细度、浆液的稠度、灌浆压力和施工工艺等因素。沙砾石地基的可灌性一般常用以下几种指标衡量：

（1）可灌比值M：

$$M=\frac{D_{15}}{d_{85}}$$

式中，D——受灌沙砾石层的颗粒级配曲线上相应于含量为15%粒径，mm；

d——注材料的颗粒级配曲线上相应于含量为85%粒径，mm。

M值愈大，可灌性就愈好。一般认为，当M≥15时，可灌水泥浆；M =10~15时，可灌水泥黏土浆；M =5~10时，宜灌含水玻璃的高细度水泥黏土浆。

（2）沙砾石层中粒径小于0.1 mm的颗粒含量百分数愈高，则可灌性愈差。

二、灌浆材料

沙砾石地基灌浆，多用于修筑防渗帷幕，很少用于加固地基，一般多采用水泥黏土浆。有时为了改善浆液的性能，可掺少量的膨润土和其他外加剂。

沙砾石地基经灌浆后，一般要求帷幕幕体内的渗透系数能够降低到10~10 cm/s以下；浆液结石28 d的强度能够达到0.4~0.5 MPa。

水泥黏土浆的稳定性和可灌性指标，均优于水泥浆；其缺点是析水能力低，排水固结时间长，浆液结石强度不高，黏结力较低，抗掺和抗冲能力较差，等等。

要求黏土遇水以后，能迅速崩解分散，吸水膨胀，并具有一定的稳定性和黏结力。

浆液配比，视帷幕的设计要求而定，一般配比（重量比）为水泥：黏土=1：2~1：4，浆液的稠度为水：干料=6：1：~1：1。

有关灌浆材料的选用，浆液配比的确定以及浆液稠度的分级等问题，均需根据沙砾石层特性和灌浆要求，通过室内外的试验来确定。

钻灌方法：

沙砾石层中的灌浆孔都是铅直向的钻孔，除打管灌浆法外，其造孔方式主要有冲击钻进和回转钻进两大类；就使用的冲洗液来分，则有清水冲洗钻进和泥浆固壁钻进两种。

沙砾石层防渗帷幕灌浆，可分为以下四种基本方法。

三、打管灌浆

灌浆管由厚壁的无缝钢管、花管和锥形体管头所组成，用吊锤夯击或振动沉管的方法，打入到沙砾石受灌地层设计深度，打孔和灌浆在工序上紧密结合。每段灌浆前，用压力水通过水管进行冲洗，把土沙等杂质冲出管外或压入地层中去，使射浆孔畅通，直至回水澄清。可采用自流式或压力灌浆，自下而上，分段拔管分段灌浆，直到结束。

此法设备简单，操作方便，一般适用于深度较浅，结构松散，空隙率大，无大孤石的沙砾石层，多用于临时性工程或对防渗性能要求不高的帷幕。

四、套管灌浆

施工程序是：边钻孔边下护壁套管（或随打入护壁套管，随冲淘管内沙砾石），直到套管下到设计深度。然后将钻孔冲洗干净，下入灌浆管，再起拔套管至第一灌浆段顶部，安好阻塞器，然后注浆。如此自下而上，逐段提升灌浆管和套管，逐段灌浆，直至结束。也可自上而下，分段钻孔灌浆，缺点是施工控制较为困难。

采用这种方法灌浆，由于有套管护壁，不会产生塌孔埋钻事故；但压力灌浆时，浆液容易沿着套管外壁向上流动，甚至产生表面冒浆，还会胶结套筒造成起拔困难，甚至拔不出。

五、循环灌浆

循环灌浆，实质上是一种自上而下，钻一段、灌一段，无须待凝，钻孔与灌浆循环进行的一种施工方法。钻孔时用黏土浆或最稀一级水泥黏土浆固壁。钻灌段的长度，视孔壁稳定情况和沙砾石渗漏大小而定，一般为1~2 m，逐段下降，直到设计深度。这种方法灌浆，没有阻塞器，而是采用孔口管顶端的。

（一）封闭器阻浆

用这种方法灌浆，在灌浆起始段以上，应安装孔口管，其目的是防止孔口坍塌和地表冒浆，提高灌浆质量，同时，也兼起钻孔导向的作用。

（二）孔口管的安装方法有两种

1. 埋管法

（1）在孔位处先挖一个深1~1.5 m，半径大于0.5 m的坑。由底用干钻向下钻进至沙砾石层1~1.5 m，把加工好的孔口管下入孔内，孔口管下端1~1.5 m加工成花管，孔口管管径要与钻孔孔径相适应，上端应高出地面20 cm左右。在浅坑底部设止浆环，防止灌浆时浆液沿管壁向上蹿冒，浅坑用混凝土回填（或黏、壤土分层夯实），待凝固后，通过花管灌注纯水泥浆，以便固结孔口管的下部，并形成密实的防止冒浆的盖板。

（2）打管法钻机钻孔，孔口管插入钻孔用吊锤打至预定位置，然后再向下钻深30~50 cm，并清除孔内废渣，灌注水泥浆。

2. 预埋花管灌浆

在钻孔内预先下入带有射浆孔的灌浆花管，管外与孔壁的环形空间注入填料，后在灌浆管内用双层阻塞器（阻塞器之间为灌浆管的出浆孔）进行分段灌浆，其施工程序是：

（1）钻孔及护壁常使用回转钻机钻孔至设计深度，接着下套管护壁或用泥浆固壁。

（2）清孔钻孔结束后，立即清除孔底残留的石渣，将原固壁泥浆更换为新鲜泥浆。

（3）下花管和下填料若套管护壁时，先下花管后下填料（若泥浆固壁时，则先下填料后下花管）。花管直径为75~110 mm，沿管长每隔0.3~0.5 cm环向钻一排（4个）孔径为10 mm的射浆孔。射浆孔外面用弹性良好的橡胶圈箍紧，橡胶圈厚度为1.5~2 mm，宽度10~15 cm，花管底部要封闭严密、牢固。安设花管要垂直对中，不能偏在套管（或孔壁）的一侧。

第五节 混凝土防渗墙施工

一、施工准备

①安排工程技术人员勘查现场，进一步了解实施本工程的目的、设计标准、技术要

求，按设计文件及图纸要求进行测量放样工作。

②针对槽孔式防渗墙工程的要求，编制详细的专项施工方案，用于指导施工。

③按施工技术要求平整、清理场地，准备好堆料场，联系好原材料供应厂商。

④确定好设备进场道路，施工设备运输进场、安装。

二、施工现场布置

（一）施工用电

槽孔式防渗墙使用与本标段同一电力供应系统，电力系统可以满足防渗墙施工的需要。

（二）施工用水

施工用水使用与本标段同一供水系统。

（三）施工道路

槽孔式防渗墙工程施工时，上坝道路已修好，延伸的施工道路已修好，待土石坝填筑至高程时，可直接与上坝公路相连，防渗墙所使用的机械设备、原材料等可以直接运至施工场地。

三、导墙施工

导墙施工是防渗墙施工的关键环节，其主要作用为成槽导向、控制标高、槽段定位、防止槽口坍塌及承重，根据选用的机械形式和现场布置，导墙断面形式采用钢筋砼倒“L”形断面。

导槽里侧净宽度 0.8 m，导墙混凝土强度等级为 C20，导墙施工时，导墙壁轴线放样必须准确，误差不大于 10 mm，导墙壁施工平直，内墙墙面平整度偏差不大于 3 mm，垂直度不大于 0.5%，导墙顶面平整度为 5 mm。导墙顶面宜略高于施工地面 100～150 mm，每个槽段内的导墙上至少应设有一个溢浆孔。导墙基底与土面密贴，为防止导墙变形，导墙两内侧拆模后，每隔 1.5 m 布设一道木撑，砼未达到70%强度，严禁重型机械在导墙附近行走。

四、主要施工方法

（一）沟槽开挖

①导墙沟槽采用人工辅助机械开挖。

②导墙分段施工，分段长度根据模板长度和规范要求，一般控制在30~50 m。

③导墙开挖前根据测量放样成果、防渗墙的厚度及外放尺寸，实地放样出导墙的开挖宽度，并撒出白灰线。

④开挖工程中如遇坍方或开挖过宽的地方施作120砖墙外模，外侧应用土分层回填夯实。

⑤为及时排除坑底积水应在坑底中央设置一条排水沟，在一定距离设置集水坑，用抽水泵外排。

（二）导墙钢筋、模板及砼施工

①导墙沟槽开挖后立即将导墙中心线引至沟槽中，及时整平槽底，如遇软基础地质，可采用换填或浇注C15素混凝土垫层，保证基底密实。

②土方开挖到位后，绑扎导墙钢筋，钢筋施工结束并经“三检”合格后，填写隐蔽工程验收单，报监理验收，经验收合格后方可进行下道工序施工。

③导墙模板采用木模板，模板加固采用钢管支撑或10×10 cm方木支撑加固，支撑的间距不大于1 m，严防跑模，并保证轴线和净空的准确。砼浇注前先检查模板的垂直度和中线以及净距是否符合要求，经“三检”合格后报监理通过方可进行砼浇注。

④砼浇注采用泵车入模，砼浇注时两边对称分层交替进行，严防走模，如发生走模，立即停止砼的浇注，重新加固模板，并纠正到设计位置后，再继续进行浇注。

⑤砼的振捣采用插入式振捣器，振捣间距为0.6 m左右，防止振捣不均，同时也要防止在一处过振而发生走模现象。

（三）模板拆除

导墙混凝土达到规范强度要求后开始拆除模板，具体时间由试验确定。拆模后立即再次检查导墙的中心轴线和净空尺寸以及侧墙砼的浇筑质量，如发现侧墙砼侵入净空或墙体出现孔洞须及时修凿或封堵，并召集相关人员分析讨论事件发生原因，制定出相应措施，防止类似问题再次发生。

模板拆除后立即架设木支撑，支撑上下各一道，呈梅花形布置，水平间距1.5 m。经检查合格后报监理验收，验收后立即回填，防止导墙内挤。

五、槽孔式混凝土防渗墙施工

（一）主要施工方法

①成槽采用 SG30 型挖槽机和 CZ—30 型冲击钻机；
②采用膨润土或优质黏土泥浆护壁；
③“泵吸反循环法”置换泥浆清孔；
④混凝土搅拌站拌和混凝土；
⑤混凝土运输车输送混凝土；
⑥泥浆下直升导管法浇筑混凝土；
⑦采用“预设工字钢法”进行Ⅰ、Ⅱ期槽段连接；
⑧自制灌浆平台进行混凝土浇筑。
在施工前，先进行混凝土和泥浆的配合比及其性能试验，报送监理审查批准后实施。

（二）槽段划分

单元槽段长度的划分根据设计图纸要求确定，本工程槽段划分为：一期槽孔长 6.0 m，共 6 段；二期槽孔长 6.0 m，共 6 段（均为标准段）。

六、泥浆制作

（一）为保证成槽的安全和质量，护壁泥浆生产循环系统的质量控制是关系到槽壁稳定、砼质量及沙砾石层成槽的必备条件

工程优先采用以优质膨润土为主、少量的黏土为辅的泥浆制备材料，造孔用的泥浆材料必须经过现场检测合格后，方可使用。质量控制主要指标为：比重 1.1~1.3，黏度 18~25 S，胶体率 95%，必要时可加适量的添加剂。

（二）泥浆的拌制

拌制泥浆的方法及时间通过试验确定，并按批准或指示的配合比配制泥浆，计量误差值不大于 5%。泥浆搅制系统布置在防渗墙轴线的下游侧，泥浆搅拌站布置 1 m^3 泥浆搅拌机 3 台。制浆池、沉淀池、贮浆池容量各 200 m^3，满足两个槽段同时施工用浆需求。泥浆

制浆系统配制的泥浆通过现场布置的输送管输送到各段施工槽孔。

（三）泥浆处理

泥浆必须经过制浆池、沉淀池及储存池三级处理，泥浆制作场地以利于施工方便为原则。

七、成槽工艺

根据地质结构情况，单元槽段成槽用抓斗成槽机进行挖槽，成槽机上有垂直最小显示装置，当偏差大于1/300时，则进行纠偏工作，纠偏可采取两种方法：一种是将槽段用砂土回填，再利用槽壁机挖槽；二是根据成槽机上垂直度的显示装置，特别偏差大于1/300开始位置，逐步向下抓或空挖修整槽壁的倾斜。一般成槽垂直精度可达1/500～1/300。抓斗工作宽度2.8 m，一个标准槽段需要三幅抓才能完成，当抓斗至弱风化岩岩层时，改用冲击钻钻孔，直至达到设计位置。

抓斗每抓一次，应根据垂线观察抓斗的垂直及位置情况，然后下斗直到土面，若土质较硬则提起抓斗约80 cm，冲击数次抓土，起斗时应缓慢，在斗出泥浆面时应及时回灌泥浆，保证一定液面。抓取的泥土用自卸汽车运输至指定地方，不得就地卸土，待泥土较干时再采用挖沟机装上自卸汽车外运，冲孔的返浆沉积泥渣用泥浆车外运，不影响文明施工。

八、岩面鉴定与终孔验收

（1）基岩面须按下列方法确定。

①依照防渗墙中心线地质剖面图，当孔深接近预计基岩面时，即应开始取样，然后根据岩样的性质确定基岩面；

②对照邻孔基岩面高程，并参考钻进情况确定基岩面；

③当上述方法难以确定基岩面，或对基岩面发生怀疑时，应采用岩芯钻机取岩样，加以确定和验证。

（2）终孔后，由监理工程师同施工单位质检人员进行孔形、孔深检测验收，确保孔形、孔斜、孔深符合设计要求。

（3）基岩岩样是槽孔嵌入基岩的主要依据，必须真实可靠，并按顺序、深度、位置编号、填好标签，装箱，妥善保管。

九、防渗墙接头施工

各单元墙段由接缝（或接头）连接成防渗墙整体，墙段间的接缝是防渗墙的薄弱环节，如果接头设计方案不当或施工质量不好，就有可能在某些接缝部位产生集中渗漏，严重者会引起墙后地基土的流失，给主体结构留下长期质量隐患。因此，为加强防渗墙接头防水质量，接头均采用工字钢接头。

接头工字钢采用 10 mm 和 12 mm 厚钢板焊接而成，施工现场加工制作，钢板原材料根据施工进度采用汽车集中运输至施工现场进行焊接拼装，工字钢一侧与钢筋笼焊接牢固，两侧各伸出 45 cm（侧边采用 12 mm 钢板），施工中要保证钢筋笼与工字钢的垂直度，相邻墙段钢筋笼之间插入一序槽段工字钢内。

第六节　垂直防渗施工

一、混凝土防渗墙

混凝土防渗墙是在松散透水地基或土石坝坝体中连续造孔成槽，以泥浆固壁，在泥浆下浇筑混凝土而建成的起防渗作用的地下连续墙，是保证地基稳定和大坝安全的工程措施。就墙体材料而言，目前，采用最多的是普通砼和塑性砼，其成槽的工法主要有钻劈法、钻抓法、抓取法、铣削法和射水法。

混凝土防渗墙施工一般都包括施工准备、槽孔建造、泥浆护壁、清孔换浆、水下混凝土浇筑、接头处理等几个重要环节。上述各个环节中槽孔建造投入的人力、设备最多、使用的设备最关键，是成墙过程中影响因数最多、技术也最复杂的一环，就成槽的工法而言，主要有如下几种：钻劈法、钻抓法、抓取法和射水法。

（一）钻劈法

钻劈法是用冲击钻机钻凿主孔和劈打副孔形成槽孔的一种防渗墙成槽方法，其适用于槽孔深度较大范围，从几米到上百米的都适应，墙体厚度 60 cm 以上，其优点是适应于各种复杂地层，其缺点是工效相对较低，机械装备落后，造价较高，对于复杂地层，其工效约为 10~15 m^2/台班（相对 60 cm 厚的墙体），其综合造价约 450~550 元/m^2。

（二）钻抓法

钻抓法是用冲击或回转钻机先钻主孔，然后用抓斗挖掘其间副孔，形成槽孔的一种防渗墙成槽施工方法。此工法与上一种工法类似，是用抓斗抓取副孔替代冲击钻劈打副孔，但两种工法施工机械组合不同，钻抓法工效高于钻劈法，工程规模较大地质不特别复杂，对于有砂卵石且要进入基岩的防渗墙成槽，一般采用此工法。对于防渗墙要穿过较大粒径的卵石、漂石进入坚硬的基岩层时，上部用冲击钻配合抓斗成槽，下部复杂地层由冲击钻成槽。此工法成槽墙体连续性好，质量易于控制和检查，施工速度较快等特点，成槽质量优于上一种工法。此工法的工效主要是根据地质情况选用成槽设备组合，如一般一台抓斗配 6 台冲击钻综合工效约为 30~35 m^2/台班，相对于墙厚 60 cm 的防渗墙，此工法综合造价约 400~500 元/m^2。

（三）抓取法

抓取法是只用抓斗挖掘地层，形成槽孔的一种防渗墙施工方法，抓取法施工时也分主孔与副孔。对于一般松软地层采用如堤防、土坝等且墙体只进入基岩强分化地层最适合抓取法，特别是采用薄型液压抓斗更能抓取 30 cm 厚度薄墙。抓取法的成墙深度一般小于 40 m，深度过深其工效显著降低，用抓取法建造的防渗墙，其墙段连方法多采用接头管法，而对于墙深度较大时，也可采用钻凿法。该工法的特点是适用于堤防、土坝性等一般松软地层，墙体连续性好，质量易于控制和检查，施工速度较快等。抓斗法平均工效与地质、深度、厚度、设备状况等因素有关，一般在 60~160 m^2/台班。相对于墙厚 60 cm 的防渗墙，此工法综合造价约 400~500 元/m^2，影响造价的主要因素是地质情况、深度和墙体厚度。

（四）射水法

射水法是国内 20 世纪 80 年代初期开始研究的一种防渗加固技术，现已发展到第三代机型，在垂直防渗领域大量用于堤防防渗加固处理，近几年在水库土坝坝身及坝基防渗也有应用。其主要原理是：利用灰渣泵及成槽器中的射水喷嘴形成高速泥浆液流来切割，破碎地层岩土结构，同时，卷扬机带动成槽器以及整套钻杆系统做上、下往复冲击运动，加速破碎地层。反循环砂石泵将水混合渣土吸出槽孔，排入沉淀池。槽孔由一定浓度的泥浆固壁，成槽器上的下刃口切割修整槽孔壁，形成具有一定规格的槽孔，成槽后采用水砼浇筑方法在槽内浇筑抗渗材料，形成槽板，用平接技术连接而成整体地下防渗墙。

射水法成墙的深度已突破 30 m，但一般在 30 m 以内为多。射水法成墙质量的关键是墙体的垂直度和两序槽孔接头质量，一般情况下，只要精心操作垂直度易于保证。成墙接缝多，且采用平接头方式，这是此工法有别其他工法之处。根据我公司的实践经验，只要两序槽孔长度合适，设备就位准确，保证二期槽孔施工时成槽器侧向喷嘴畅通，且防渗墙的接头质量是能够保证的。

射水法：具有地层适应性强、工效较高、成本适中的特点，最适宜于颗粒较小的软弱地层，如在粉细砂层，淤泥质粉质黏土地层中工效可达 80 m^2/台班，在砂卵石地层工效相对较低，但普遍也能达到 35 m^2/台班。由于在各种地层中的工效不同，材料用量也不一样，因此每平方米成墙造价也不同，一般约 160~230 元/m^2。

以上几种工法的原理、适用范围、特点及综合造价见下表 3-1。

表 3-1　常见工法的原理、适用范围、特点及综合造价

工法	钻劈法	钻抓法	抓取法	射水法
原理	用冲击钻机钻凿主孔和劈打副孔形成槽孔	用冲击或回转钻机先钻主孔，然后用抓斗挖掘其间副孔，形成槽孔	用抓斗分主孔与副孔挖掘地层，形成槽孔	利用灰渣泵及成槽器中的射流来切割、破碎地层岩土结构，同时卷扬机带动成槽器冲击破碎地层形成槽孔
主要使用设备	冲击钻机钻	冲击钻（回转）机钻、液压（钢丝绳）抓斗	液压（钢丝绳）抓斗	射水成槽机
适用范围	各种地层包括地层中含有较大粒径的卵石、漂击和坚硬的基岩	各种地层包括地层中含有较大粒径的卵石、漂石和坚硬的基岩	松软土层、砂卵石层、基岩强分化层	松软土层、砂卵石层、基岩强分化层
特点	适应于各种复杂地层，成墙厚度在 60 cm 以上，成墙深度范围大；其缺点是工效相对较低，机械装备落后	适应于各种复杂地层，成墙厚度在 60 cm 以上，成墙深度范围大，成槽质量好，施工工效高；其缺点是造价较高	地层的适应性一般，成槽质量好，施工工效高，成墙厚度在 30 cm 以上，造价相对较低；其缺点是墙体不利于穿过较大粒径的卵石、漂石进入坚硬的基岩	地层的适应性一般，成槽质量好，成墙厚度在 25 cm 以上，墙薄，造价较低，设备简单；其缺点是墙体不利于穿过较大粒径的卵石、漂石进入坚硬的基岩
综合造价	450~550 元/m^2（墙厚 60 cm）	400~500 元/m^2（墙厚 60 cm）	400~500 元/m^2（墙厚 60 cm）	160~230 元/m^2（墙厚 30 cm）

二、深层搅拌法水泥土防渗墙

深层搅拌法水泥土防渗墙是利用钻搅设备将地基土水泥等固化剂搅拌均匀，使地基土固化剂之间产生一系列物理—化学反应，硬凝成具有整体性、水稳定性和一定强度的水泥土，深层搅拌法包括单头搅、双头搅、多头搅。水泥土防渗墙是深层搅拌法加固地基技术作为防渗方面的应用，这几年在堤防垂直防渗中得到大量应用，特别是为了适应和推广这一技术，已研究出适应这一技术的专用设备——多头小直径深层搅拌截渗桩机。深搅法的特点是施工设备市场占有量大、施工速度快、造价低等，特别是采用多头搅形成薄型水泥土截渗墙，工效更高。此种工法成墙工效一般为 45~200 m^2/台班，工程单价约 70~130 元/m^2，影响造价的主要因素是墙体厚度、深度和地质情况。

深搅法处理深度一般不超过 20 m，比较适用于粉细以下的细颗粒地层，该技术形成的水泥土均匀性和底部的连续性在施工中应加以重视。

第四章　土石方工程施工技术

第一节　土石分级

在水利工程施工中，根据开挖的难易程度，将土分为 4 级，岩石分为 12 级。

一、土的分级

土的分级从开挖方法上，用铁锹或略加脚踩开挖的为Ⅰ级；用铁锹，且须用脚踩开挖的为Ⅱ级；用镐、三齿耙开挖或用铁锹须用力加脚踩开挖的为Ⅲ级；用镐、三齿耙等开挖的为Ⅳ级。具体见表 4-1。

表 4-1　土的分级表

土的等级	土的名称	自然湿密度/(kg/m^3)	外观及其组成特性	开挖工具
Ⅰ	沙土、种植土	1650~1750	疏松、黏着力差	用铁锹或略加脚踩开挖
Ⅱ	壤土、淤泥、含根种植土	1750~1850	开挖时能成块，并易打碎	用铁锹且须用脚踩开挖
Ⅲ	黏土、干燥黄土、干淤泥、含少量砾石的黏土	1800~1950	黏手、看不见沙粒或干硬	用镐、三齿耙开挖或用铁锹须用力加脚踩开挖
Ⅳ	坚硬黏土、沙质黏土、含卵石黏土	1900~2100	结构坚硬，分裂后呈块状，或含黏粒、砾石较多	用镐、三齿耙等工具开挖

土的工程性质对土方工程的施工方法及工程进度影响很大。主要的工程性质有密度、含水量、渗透性、可松性等。土的可松性是指自然状态的土挖掘后变松散的性质。

二、岩石的分级

根据岩石坚固系数的大小，对岩石进行分级。前 10 级（Ⅴ~ⅩⅣ）的坚固系数在 1.5~20，除Ⅴ级的坚固系数在 1.5~2 外，其余以 2 为级差；坚固系数在 20~25，为ⅩⅤ级；

坚固系数在25以上，为XⅥ级。岩石分级见表4-2。

表4-2　岩石的分级表

岩石级别	岩石名称	天然湿度下平均容重/（kg/m³）	凿岩机钻孔/（min/m）	极限抗压强度R/MPa	坚固系数
Ⅴ	1. 硅藻土及软的白垩岩 2. 硬的石炭纪的黏土 3. 胶结不紧密的砂岩 4. 各种不坚实的页岩	1550 950 1900~2200 2000		20以下	1.5~2.0
Ⅵ	1. 软的有孔隙的节理多的石灰岩及贝壳石灰岩 2. 密实的白垩岩 3. 中等坚实的页岩 4. 中等坚实的泥灰岩	1200 2600 2700 2300		20~40	2.0~4.0
Ⅶ	1. 水成岩、卵石经石灰质胶结而成的砾岩 2. 风化的、节理多的黏土质砂岩 3. 坚硬的泥质页岩 4. 坚实的泥灰岩	2200 2200 2300 2500		40~60	4.0~6.0
Ⅷ	1. 角砾状花岗岩 2. 泥灰质石灰岩 3. 黏土质砂岩 4. 云母页岩及砂质页岩 5. 硬石膏	2300 2300 2200 2300 2900	6.8（5.7~7.7）	60~80	6.0~8.0
Ⅸ	1. 软的风化较甚的花岗岩、片麻岩及正长岩 2. 滑石质的蛇纹岩 3. 密实的石灰岩 4. 水成岩、卵石经硅质胶结的沙砾岩 5. 砂岩 6. 砂质、石灰质的页岩	2500 2400 2500 2500 2500 2500	8.5（7.8~9.2）	80~100	8.0~10.0
Ⅹ	1. 白云石 2. 坚实的石灰岩 3. 大理石 4. 石灰质胶结的质密的沙砾岩 5. 坚硬的砂质页岩	2700 2700 2700 2600 2600	10（9.3~10.8）	100~120	10~12

续表

岩石级别	岩石名称	天然湿度下平均容重/（kg/m³）	凿岩机钻孔/（min/m）	极限抗压强度 R/MPa	坚固系数
XI	1. 粗粒花岗岩 2. 特别坚实的白云岩 3. 蛇纹岩 4. 火成岩、卵石经石灰质胶结的砾岩 5. 石灰质胶结的坚实的砂岩 6. 粗粒正长岩	2800 2900 2600 2800 2700 2700	11.2（10.9~11.5）	120~140	12~14
XII	1. 有风化痕迹的安山岩及玄武岩 2. 片麻岩、粗面岩 3. 特别坚硬的石灰岩 4. 火成岩、卵石经硅质胶结的砾岩	2700 2600 2900 2900	12.2（11.6~13.3）	140~160	4~16
XIII	1. 中粗花岗岩 2. 坚实的片麻岩 3. 辉绿岩 4. 玢岩 5. 坚硬的粗面岩 6. 中粒正长岩	3100 2800 2700 2500 2800 2800	14.1（13.4~14.8）	160~180	16~18
XIV	1. 特别坚硬的粗粒花岗岩 2. 花岗片麻岩 3. 闪长岩 4. 最坚实的石灰岩 5. 坚实的玢岩	3300 2900 2900 3100 2700	15.6（14.9~18.2）	180~200	18~20
XV	1. 安山岩、玄武岩、坚实的角闪岩 2. 最坚实的辉绿岩及闪长岩 3. 坚实的辉长岩及石英岩	3100 2900 2800	20（18.3~24）	200~250	20~25
XVI	1. 钙钠长玄武岩和橄榄玄武岩 2. 特别坚实的辉长岩、橄榄岩、石英及玢岩	3300 3000	24以上	250以上	25以上

第二节　土石方平衡与调配

一、土石方工程量的计算

在土石方工程施工之前，通常需要计算土石方的工程量。但土石方工程的外形往往比较复杂、不规则，要得到精确的计算结果很困难。一般情况下，都是将其假设划分为一定的几何形状近似计算。土石方工程计算内容较多，在水利工程中常用的计算方法有基坑沟槽土石方计算、场地平整土方量计算与土石方平衡调配等。

（一）基坑的土石方量计算

基坑的土石方量可以近似地按台体计算，计算公式如下：

$$V = \frac{H}{6}(A_1 + 4A_0 + A_2) \tag{4-1}$$

式中，V——土石方工程量，m^3；

H——基坑的深度，m；

A_1、A_2——基坑的上、下底面积，m^2；

A_0——A_1 与 A_2 之间的中截面面积，m^2。

（二）沟槽土方量计算

基槽是一条狭长的沟槽，其土石方量的计算可沿其长度方向分段进行，根据选定的断面及两相邻断面间距离，按其几何体积计算出区段间沟槽土方量，然后相加求得总方量。

当基槽某段内横断面尺寸不变时，其土方量即为该段横截面面积乘以该段基槽长度。

（三）场地平整土方量计算

场地平整是将施工现场平整为满足施工要求的一块平整场地。场地平整前，应确定场地的设计标高，计算挖、填土方工程量，进行填、挖平衡调配。

场地平整土方量的计算，是为了制订施工方案，对填挖方进行合理调配，同时，也是检查及验收实际土方数量的依据。土方量的计算方法，通常有方格网法和断面法。

1. 方格网法

（1）方格网法的计算步骤

①在地形图上（一般用1/500），将整个场地划分为若干个网格，网格的边长一般取

10~40 m；

②计算各方格角点的自然标高；

③确定场地设计标高，并根据泄水坡度要求计算各方格角点的设计标高；

④确定各角点的填挖高度；

⑤确定零线，即填挖的分界线；

⑥计算各方格内填挖土方量和场地边坡土方量，然后累加求得整个场地土方量。

这种方法适用于场地平缓或在台阶宽度较大的场地采用。计算时可用专门的土方工程量计算表。在大规模场地土方量计算时，则须用电子计算机进行计算。

（2）土方量计算

划分的方格网中，一般有三种类型，应分别进行计算。

①方格网四个角点全部为填或挖时，其土量计算见式（4-2）：

$$V = \frac{a^2}{4}(h_1 + h_2 + h_3 + h_4) \tag{4-2}$$

式中，V——挖方或填方体积，m^3；

a——方格边长，m；

h_1，h_2，h_3，h_4——方格角点的填挖高度，m。

②方格的相邻两角点为挖方，另两角点为填方的网格。

挖方部分的土方量为：

$$V_{1,2} = \frac{a^2}{4}\left(\frac{h_1^2}{h_1 + h_4} + \frac{h_2^2}{h_2 + h_3}\right) \tag{4-3}$$

填方部分的土方量为：

$$V_{3,4} = \frac{a^2}{4}\left(\frac{h_3^2}{h_2 + h_3} + \frac{h_4^2}{h_1 + h_4}\right) \tag{4-4}$$

③方格的三个角点为挖（填）方，另一角点为填（挖）方。挖方部分的土方量为：

$$V_{1,2,3} = \frac{a^2}{6}(2h_1 + h_2 + 2h_3 - h_4) + V_4 \tag{4-5}$$

填方部分的土方量为：

$$V_4 = \frac{a^2}{6}\frac{h_4^3}{(h_1 + h_4)(h_3 + h_4)} \tag{4-6}$$

2. 断面法

沿场地取若干个相互平行的断面，将所取的每个断面（包括边坡断面）划分为若干个三角形和梯形，则面积为：

$$f_1 = \frac{h_1}{2}d_1; \quad f_2 = \frac{h_1 + h_2}{2}d_2 \cdots \tag{4-7}$$

某一断面面积为：

$$F_i = f_1 + f_2 + f_3 + \cdots + f_n \tag{4-8}$$

若 $d_1 = d_2 = d_3 = \cdots = d$，则

$$F_i = d(f_1 + f_2 + f_3 + \cdots + f_n) \tag{4-9}$$

断面面积求出以后，即可进行土方体积的计算。设各断面面积分别为 F_1，$F_2 \cdots F_n$，相邻两断面的距离分别为 l_1，$l_2 \cdots l_{n-1}$，则所求土方的体积为：

$$V = \frac{F_1 + F_2}{2} l_1 + \frac{F_2 + F_3}{2} l_2 + \frac{F_3 + F_4}{2} l_3 + \cdots + \frac{F_{n-1} + F_n}{2} l_{n-1} \tag{4-10}$$

3. 边坡土方量计算

为了保持土体的稳定和安全，挖方和填方的边沿，都应做成一定坡度的边坡。边坡的坡度应根据不同填挖高度、土的物理力学性质和工程的重要性由设计确定。

场地边坡的土方工程量，一般可根据近似的几何体进行计算。根据其形体可以分为三角棱锥体和三角棱柱体，再分别计算其体积。

二、土方的平衡调配

土方的平衡调配，是对挖土、填土、堆弃或移运之间的关系进行综合协调，以确定土方的调配数量及调配方向。它的目的是使土方运输量或土方运输成本最低。土方的平衡调配工作主要包括：划分土方调配区，计算土方的平均运距和单位土方的运价，编制土方调配图表，确定土方的最优调配方案。进行土方平衡调配，必须根据工程和现场情况、有关技术资料、进度要求、土方施工方法及分期分批施工工程的土方堆放和调运方案等，经综合考虑并确定平衡调配原则后，再着手进行。

（一）土方平衡调配的原则

进行土方平衡调配时，应掌握以下原则：

①应力求达到挖、填平衡和运距最短；

②调配区的划分应该与构（建）筑物的平面位置相协调，并考虑它们的分期施工顺序，对有地下设施的填土，应留土后填；

③好土要用在回填质量要求较高的地区；

④分区调配应与全场调配相协调，避免只顾局部平衡，任意挖填而妨碍全局平衡；

⑤取土或弃土应尽量少占或不占农田及便于机械施工等。

（二）土石方调配

所谓土石方调配，就是要将基坑或料场开挖的土石料合理地用于各填筑或弃料区。理

论上来讲，调配是否合理的主要判断指标是运输费用，费用花费最少的方案就是最好的调配方案。也可以按 t 或 m^3 来衡量。当开挖区或采料场数量较少，而填筑区或弃料场也很少时，这种调配很简单。反之，调配就可能很复杂。对于较复杂的问题，可采取简化措施，例如，在土石坝施工中，可分为黏土、沙砾料和块石等几个独立部分来考虑。

土石调配可按线性规划进行。设有开挖基坑 m 个，为 R_1，R_2，…，R_m；弃料场（填方场）n 个，J_1，J_2，…J_n。令 b_i 表示基坑 $i(i=1, 2\cdots m)$ 开挖出的土石方量；a_j 表示弃料场（或填料场）$j(j=1, 2, \cdots n)$ 可堆弃的土石方量；C_{ij} 表示基坑 i 分配给料场 j 的土石方单价，可用如下矩阵表示：

基坑 R_i 调配给弃料场 J_j 的土石量 X_{ij} 应使总费用最小，其极小化为：

$$Z = C_{11}X_{11} + C_{12}X_{12} + \cdots + C_{1n}X_{1n} + \cdots + C_{m1}X_{m1} + C_{m2}X_{m2} + \cdots + C_{nn}X_{nn} \quad (4-11)$$

约束条件：

$$\begin{cases} X_{11} + X_{12} + X_{13} + \cdots + X_{1n} \leqslant b_1 \\ \cdots \\ X_{m1} + X_{m2} + X_{m3} + \cdots + X_{mn} \leqslant b_m \end{cases} \quad (4-12)$$

$$\begin{cases} X_{11} + X_{21} + X_{31} + \cdots + X_{m1} \leqslant a_1 \\ \cdots \\ X_{1n} + X_{2n} + X_{3n} + \cdots + X_{nn} \leqslant a_n \end{cases} \quad (4-13)$$

式（4-12）为分配给各弃料场的土石方量不得大于基坑的开挖量；

式（4-13）为分配给各弃料场的土石方量不得大于弃料场可堆放的容量。

上面的公式可简化为：

目标函数：

$$Z = \sum_{i=1}^{m} \sum_{j=1}^{n} C_{ij}X_{ij} \quad (4-14)$$

约束条件：

$$\sum_{j=1}^{n} X_{ij} \leqslant b_i$$

$$\sum_{i=1}^{m} X_{ij} \leqslant a_j$$

$$X_{ij} \geqslant 0$$

$$i = 1, 2\cdots m$$

$$j = 1, 2\cdots n$$

解出以上方程，可得出合理土石方调配方案。

当基坑和弃料场不太多时，可用简便的“西北角分配法”求解最优调配数值。

伴随的单位补偿是增一个或减少一个单位量时运距值的变化，即分配变化后运距总值的变化。

以上所述，主要是提供了土石方调配的一种方法。实际工程中，为了充分利用开挖料，减少二次转运的工程量，土石方调配，须考虑许多因素，如围堰填筑时间、土石坝填筑时间和高程、厂前区管道施工工序、围堰拆除方法、弃渣场地（上游或下游）、运输条件（是否过河，架桥时间）等，所以是一项细致的工作。合理的土石方调配对工程的造价、施工进度等起着重要作用。

第三节　石方开挖程序和方式

一、石方开挖程序

（一）选择开挖程序的原则

从整个枢纽工程施工的角度考虑，选择合理的开挖程序，对加快工程进度具有重要作用。选择开挖程序时，应综合考虑以下原则：

①根据地形条件、枢纽建筑物布置、导流方式和施工条件等具体情况合理安排。

②把保证工程质量和施工安全作为安排开挖程序的前提。尽量避免在同一垂直空间同时进行双层或多层作业。

③按照施工导流、截流、拦洪度汛、蓄水发电以及施工期通航等项工程进度要求，分期、分阶段地安排好开挖程序，并注意开挖施工的连续性和考虑后续工程的施工要求。

④对受洪水威胁和与导、截流有关的部位，应先安排开挖；对不适宜在雨、雪天或高温、严寒季节开挖的部位，应尽量避开这种气候条件安排施工。

⑤对不良地质地段或不稳岩体岸（边）坡的开挖，必须充分重视，做到开挖程序合理、措施得当、保障施工安全。

（二）开挖程序及其适用条件

水利水电工程的基础石方开挖，一般包括岸坡和基坑的开挖。岸坡开挖一般不受季节限制；而基坑开挖则多在围堰的防护下施工，它是主体工程控制性的第一道工序。对于溢洪道或渠道等工程的开挖，如无特殊的要求，则可按渠首、闸室、渠身段、尾水消能段或边坡、底板等部位的石方做分项分段安排，并考虑其开挖程序的合理性。设计时，可结合工程本身特点，参照表 4-3 选择开挖程序。

表 4-3　石方开挖程序及其适用条件

开挖程序	安排步骤	适用条件
自上而下开挖	先开挖岸坡，后开挖基坑；或先开挖边坡后开挖底板	用于施工场地窄小、开挖量大且集中的部位
自下而上开挖	先开挖下部，后开挖上部	用于施工场地较大、岸坡（边坡）较低缓或岩石条件许可，并有可靠技术措施
上下结合开挖	岸坡与基坑或边坡与底板上下结合开挖	用于有较宽阔的施工场地和可以避开施工干扰的工程部位
分期或分段开挖	按照施工时段或开挖部位、高程等进行安排	用于分期导流的基坑开挖或有临时过水要求的工程项目

二、开挖方式

（一）基本要求

在开挖程序确定之后，根据岩石条件、开挖尺寸、工程量和施工技术要求，通过方案比较拟定合理的开挖方式。其基本要求是：

①保证开挖质量和施工安全；

②符合施工工期和开挖强度的要求；

③有利于维护岩体完整和边坡稳定性；

④可以充分发挥施工机械的生产能力；

⑤辅助工程量小。

（二）各种开挖方式的适用条件

按照破碎岩石的方法，主要有钻爆开挖和直接应用机械开挖两种施工方法。20 世纪 80 年代初，国内外出现一种用膨胀剂作破碎岩石材料的“静态破碎法”。

1. 钻爆开挖

钻爆开挖是当前广泛采用的开挖施工方法。开挖方式有薄层开挖、分层开挖（梯段开挖）、全断面一次开挖和特高梯段开挖等。

2. 直接应用机械开挖

使用带有松土器的重型推土机破碎岩石，一次破碎 0.6~1.0 m，该法适用于施工场地宽阔、大方量的软岩石方工程。优点是没有钻爆作业，不需要风、水、电辅助设施，不但简化了布置，而且施工进度快，生产能力高，但不适宜破碎坚硬岩石。

3. **静态破碎法**

在炮孔内装入破碎剂，利用药剂自身的膨胀力，缓慢地作用于孔壁，经过数小时达到300~500 kgf/cm^{2}的压力，使介质开裂。该法适用于在设备附近、高压线下，以及开挖与浇筑过渡段等特定条件下的开挖与岩石切割或拆除建筑物。优点是安全可靠，没有爆破所产生的公害；缺点是破碎效率低，开裂时间长。对于大型的或复杂的工程，使用破碎剂时，还要考虑使用机械挖除等联合作业手段，或与控制爆破配合，才能提高效率。

三、坝基开挖

（一）坝基开挖程序

坝基开挖程序的选择与坝型、枢纽布置、地形地质条件、开挖量以及导流方式等因素有关。其中导流程序与导流方式是主要因素，常用开挖程序见表4-4。

表4-4 坝基开挖常用程序

选择因素			常用开挖程序	施工条件	开挖步骤
坝型	一般地形条件	常用导流方式			
拱坝或重力坝	河床狭窄，两岸边坡陡峻	全段围堰法、隧洞导流	自上而下，先开挖两岸边坡后开挖基坑	开挖施工布置简单； 基坑开挖基本可全年施工	在导流洞施工时，同时开挖常水位以上边坡； 河床截流后，开挖常水位以下两岸边坡、浮渣和基坑覆盖层； 从上游至下游进行基坑开挖
低坝或闸坝	河床开阔、两岸平坦（多属平原地区河流）	全段围堰法、明渠导流或分段围堰法导流	上下结合开挖或自上而下开挖	开挖施工布置简单； 基坑开挖基本可全年施工	先开挖明渠； 截流后开挖基坑或基坑与岸坡上下结合开挖
重力坝	河床宽阔、两岸边坡比较平缓	分段围堰、大坝底孔和梳齿导流	上下结合开挖	开挖施工布置较复杂； 由导流程序决定开挖施工分期	先开挖围堰段一侧边坡； 开挖导流段基坑和另一岸边坡； 导流段完建、截流后，开挖另一侧基坑

（二）坝基开挖方式

开挖程序确定以后，开挖方式的选择主要取决于总开挖深度、具体开挖部位、开挖量、技术要求，以及机械化施工因素等。

1. 薄层开挖

岩基开挖深度小于4 m，采用浅孔爆破。开挖方式有劈坡开挖、大面积群孔爆破开挖、先掏槽后扩大开挖等。

2. 分层开挖

开挖深度大于4 m时，一般采用分层开挖。开挖方式有自上而下逐层开挖、台阶式分层开挖、竖向分段开挖、深孔与洞室组合爆破开挖以及洞室爆破开挖等。

3. 全断面开挖和高梯段开挖

梯段高度一般大于20 m，主要特点是通过钻爆使开挖面一次成型。

（三）坝基保护层开挖

水平建基面高程的偏差不应大于±20 cm。设计边坡轮廓面的开挖偏差，在一次钻孔深度开挖时，不应大于其开挖高度的±2%；在分台阶开挖时，其最下部一个台阶坡脚位置的偏差，以及整体边坡的平均坡度，均符合设计要求，此外还应注意不使水平建基面产生大量爆破裂隙，以及使节理裂隙面、层面等弱面明显恶化，并损害岩体的完整性。

在岩基开挖中为了达到设计的开挖面，而又不破坏周边岩层结构，如河床坝基、两岸坝岸、发电厂基础、廊道等工程连接岩基部分的岩石开挖，根据规范要求及常规做法要都留有一定的保护层，紧邻水平建基面的保护层厚度，应由爆破实验确定，无条件进行试验时，才可以采用工程类比法确定，一般不小于1.5 m。

对岩体保护层进行分层爆破，必须遵循下述规定：

①第一层炮孔不得穿入距水平建基面1.5 m的范围；炮孔装药直径不应大于40 mm；应采用梯段爆破的方法。

②第二层对节理裂隙不发育、较发育、发育和坚硬的岩体炮孔不得穿入距水平建基面0.5 m的范围；对节理裂隙极发育和软弱的岩体，炮孔不得穿入距水平建基面0.7 m的范围。炮孔与水平面的夹角不应大于60°，炮孔装药直径不应大于32 mm，采用单孔起爆方法。

③第三层对节理裂隙不发育、较发育、发育和坚硬的岩体炮孔不得穿入距水平建基面0.2 m的范围；剩余0.2 m厚的岩体应进行撬挖。炮孔角度、装药直径和起爆方法，同第二层的要求。

必须在通过实验证明可行并经主管部门批准后，才可在紧邻水平建基面采用有或无岩体保护层的一次爆破法。

无保护层的一次爆破法应符合下述原则：

①水平建基面开挖，应采用预裂爆破方法；

②基础岩石开挖，应采用梯段爆破方法；

③梯段爆破孔孔底与预裂爆破面应有一定的距离。

四、溢洪道和渠道的开挖

（一）开挖程序

溢洪道、渠道的常用过水断面一般为梯形或矩形。选择开挖程序应考虑现场地形与施工道路等条件，结合混凝土衬砌的安排以及拟采用的施工方法等，其开挖程序选择见表 4-5。

表 4-5　溢洪道、渠道开挖程序

主要因素	开挖程序	适用工程类型
考虑临时泄洪的需要安排开挖程序	分期开挖，每一期根据需要开挖到一定高程	溢洪道
根据现场的地形、道路等施工条件和挖方利用情况安排开挖程序	可分期、分段开挖	溢洪道
结合混凝土衬砌边坡和浇筑底板的顺序安排开挖程序	先开挖两岸边坡、后开挖底板，或上下结合开挖	溢洪道
按照构筑物的分类安排开挖程序	先开挖闸室或渠首，后开挖消能段或渠尾部分	溢洪道、渠道
根据采用人工或机械等不同施工方法划分开挖段	分段开挖	渠道

设计开挖程序须注意以下问题：

①应在两侧边坡顶部修建排水天沟，减少雨水冲刷。施工中要保持工作面平整，并沿上下游方向贯通以利排水和出渣。

②根据开挖断面的宽窄、长度和挖方量的大小，一般应同时对称开挖两侧边坡，并随时修整，保持稳定。

③对窄而深的渠道，爆破受两侧岩壁的约束力大，爆破效果一般较差，应结合钻爆设计安排合理的开挖程序。

④渠身段可采用大爆破施工方法，但要注意控制渠首附近的最大起爆药量，防止破坏山岩而造成渗漏。

（二）开挖方式

溢洪道、渠道一般爆破开挖方式，常用开挖方式参见表4-6。

表4-6　溢洪道、渠道开挖方式

开挖方式	适用条件	施工要点
深孔分段爆破	为常规开挖施工方法，应用广泛	先中间挖槽贯通上下游，然后向两侧扩大开挖，由一端或两端同时向中间推进
扬弃爆破	用于揭露地表覆盖层或开挖渠4段	先沿轴线方向开挖平导洞，然后向两侧开挖药室、爆破后的石渣可大部分抛至开挖断面以外
小型洞室爆破	在缺少专用钻机的条件下采用	沿轴线方向布置多排竖井药室，靠近两侧边坡处布置蛇穴药室
分层分块钻爆	用于人工半机械或中小型机械施工	根据施工机械化程度确定分层厚度和分块尺寸
楔形掏槽爆破	用于开挖深度小于6 m的浅窄渠道	沿轴线方向进行掏槽爆破、两侧边坡钻预裂孔、底板预留保护层
定向爆破	用于浅渠开挖	爆破的石渣按预定的一侧或两侧抛至断面以外，通过爆破使渠道成型
直接用机械开挖	用于软岩开挖	利用带有松土器的重型推土机分层破碎，每层破碎深度0.5~1.0 m

五、边坡开挖

在边坡稳定分析的基础上，判明影响边坡稳定的主导因素，对边坡变形破坏形式和原因做出正确的判断，并且制定可行的开挖措施，以免因工程施工影响和恶化边坡的稳定性。

（一）开挖控制措施

①尽量改善边坡的稳定性。拦截地表水和排除地下水，防止边坡稳定恶化。可在边坡变形区以外5 m开挖截水天沟和变形区以内开挖排水沟，拦截和排除地表水。同时，可采用喷浆、勾缝、覆盖等方式保护坡体不受渗水侵害。对于地下水的排除，可根据岩体结构特征和水文地质条件，采用倾角小于10~15°的钻孔排水；对于有明显含水层可能产生深

层滑动的边坡，可采用平洞排水。

对于不稳定型边坡开挖，可以先做稳定处理，然后进行开挖。例如，采用抗滑挡墙、抗滑桩、锚筋桩、预应力锚索以及化学灌浆等方法，必要时进行边挡护边开挖。

尽量避免雨季施工，并力争一次处理完毕。否则，雨季施工应采用临时封闭措施。做好稳定性观测和预报工作。

②按照“先坡面、后坡脚”自上而下的开挖程序施工，并限制坡比，坡高要在允许范围之内，必要时增设马道。开挖时，注意不切断层面或楔体棱线，不使滑体悬浮而失去支撑作用。坡高应尽量控制到不涉及有害软弱面及不稳定岩体。

③控制爆破规模，应不使爆破振动附加动荷载造成边坡失稳。为避免造成过多的爆破裂隙，开挖邻近最终边坡时，应采用光面、预裂爆破，必要时改用小炮、风镐或人工撬挖。

（二）不稳定岩体的开挖

1. 一次削坡开挖

主要是开挖边坡高度较低的不稳岩体，如溢洪道或渠道边坡。其施工要点是由坡面至坡脚顺面开挖，即先降低滑体高度，再循序向里开挖。

2. 分段跳槽开挖

主要用于有支挡（如挡土墙、抗滑桩）要求的边坡开挖。施工要点是开挖一段即支护一段。

3. 分台阶开挖

在坡高较大时，采用分层留出平台或马道以提高边坡的稳定性。台阶高度由边坡处于稳定状态下的极限滑动体高度 h_v 和极限坡高 H_v 来确定，其值由力学计算的有关算式求得。为保证施工安全，应将计算的极限值除以安全系数 K，作为允许值。

第四节　土方机械化施工

一、挖土机械

挖掘机的种类繁多，根据其行走装置可分为履带式和轮胎式，根据其工作方式可分为循环式和连续式，根据其工作传动方式可分为索式、链式和液压式等。

（一）单斗挖掘机

按用途，分为建筑用和专用。

按行走装置，分为履带式、汽车式、轮胎式和步行式。

按传动装置，分为机械传动、液压传动和液力机械传动。

按工作装置，分为正向铲、反向铲、拉（索）铲、抓铲。

按动力装置，分为内燃机驱动、电力驱动。

按斗容量，分为 0.2 m^3、1 m^3、2 m^3 等。

挖掘机有回转、行驶和工作三个装置。正向铲挖掘机有强有力的推力装置，能挖掘Ⅰ~Ⅳ级土和破碎后的岩石。正向铲主要用来挖掘停机面以上的土石方，也可以挖掘停机面以下不深的地方，但不能用于水下开挖。

（二）多斗式挖土机

多斗挖土机又称挖沟机、纵向多斗挖土机。与单斗挖土机比较，多斗式挖土机有下列优点：挖土作业是连续的，在同样条件下生产率高；开挖单位土方量所需的能量消耗较低；开挖沟槽的底和壁较整齐；在连续挖土的同时，能将土自动卸在沟槽一侧。

多斗式挖土机不宜开挖坚硬的土和含水量较大的土。它适宜开挖黄土、粉质黏土等。

多斗式挖土机由工作装置、行走装置和动力、操纵及传动装置等几部分组成。

按工作装置分为链斗式和轮式两种，按卸土方式分为装有卸土皮带运输器和未装卸土皮带运输器两种。通常挖沟机大多装有皮带运输器。行走装置有履带式、轮胎式和履带轮胎式三种。其动力一般为内燃机。

二、挖运组合机械

（一）推土机

以拖拉机为原动机械，另加切土刀片的推土器，既可薄层切土又能短距离推运。

推土机是一种挖运综合作业机械。是在拖拉机上装上推土铲刀而成，按推土板的操作方式不同，可分为索式和液压式两种。索式推土机的铲刀是借刀具自重切入土中，切土深度较小；液压推土机能强制切土，推土板的切土角度可以调整，切土深度较大，因此，液压推土机是目前工程中常用的一种推土机。

推土机构造简单，操作灵活，运转方便，所需作业面小，功率大，能爬 30°左右的缓坡。适用于施工场地清理和平整，开挖深度不超过 1.5 m 的基坑以及沟槽的回填土，堆筑高度在 1.5 m 以内的路基、堤坝等。在推土机后面安装松土装置，可破松硬土和冻土，还可牵引无动力的土方机械（如拖式铲运机、羊脚碾等）进行其他土方作业。推土机的推运距离宜在 100 m 以内，当推运距离在 30~60 m 时，经济效益最好。

利用下述方法可提高推土机的生产效率：

①下坡推土。借推土机自重，增大铲刀的切土深度和运土数量，以提高推土能力和缩短运土时间。一般可提高效率 30%~40%。

②并列推土。对于大面积土方工程，可用 2~3 台推土机并列推土。推土时，两铲刀相距 15~30 cm，以减少土的侧向散失，倒车时，分别按先后顺序退回。平均运距不超过 50~75 m 时，效率最高。

③沟槽推土。当运距较远，挖土层较厚时，利用前次推土形成的槽推土，可大大减少土方散失，从而提高效率。此外，还可在推土板两侧附加侧板，增大推土板前的推土体积以提高推土效率。

（二）铲运机

按行走方式，铲运机分为牵引式和自行式。前者用拖拉机牵引铲斗，后者自身有行驶动力装置。现在多用自行式。根据操作方式不同，拖式铲运机又分为索式和液压式两种。

铲运机能独立完成铲土、运土、卸土和平土作业，对行驶道路要求低，操作灵活，运转方便，生产效率高。铲运机适用于大面积场地平整，开挖大型基坑、沟槽以及填筑路基、堤坝等，最适合开挖含水量不大于 27%的松土和普通土，不适合在砂砾层和沼泽区工作。当铲运较硬的土壤时，宜先用推土机翻松 0.2~0.4 m，以减少机械磨损，提高效率。常用铲运机斗容量为 1.5~6 m^3。拖式铲运机的运距以不超过 800 m 为宜，当运距在 300 m 左右时效率最高，自行式铲运机的经济运距为 800~1500 m。

（三）装载机

装载机是一种高效的挖运组合机械。主要用途是铲取散粒料并装上车辆，可用于装运、挖掘、平整场地和牵引车辆等，更换工作装置后，可用于抓举或起重的作业，因此在工程中得到广泛应用。

装载机按行走装置分为轮胎式和履带式两种；按卸料方式分为前卸式、后卸式和回转式三种；按装载重量分为小型（<1 t）、轻型（1~3 t）、中型（4~8 t）和重型（>10 t）四种。目前，使用最多的是四轮驱动铰接转向的轮式装载机，其铲斗多为前卸式，有的兼可侧卸。

三、运输机械

运输机械有循环式和连续式两种。

循环式有有轨机车和机动灵活的汽车。一般工程自卸汽车的吨位是 10~35 t，汽车吨位的大小应根据需要并结合路涵条件来考虑。

最常用的连续式运输机械是带式运输机。根据有无行驶装置，分为移动式和固定式两种。前者多用于短途运输和散料的装卸堆存，后者常用于长距离的运输。

四、土石料挖运方案

（一）综合机械化施工的基本原则

①充分发挥主要机械的作用；

②挖运机械应根据工作特点配套选择；

③机械配套要有利于使用、维修和管理；

④加强维修管理工作，充分发挥机械联合作业的生产力，提高其时间利用系数；

⑤合理布置工作面，改善道路条件，减少连续的运转时间。

（二）挖运设备生产能力

1. 挖掘机

循环式单斗挖掘机和连续式多斗挖掘机的实际小时生产率 P（m^3/h）可按下式确定。

$$P = 60qnK_HK'_PK_BK_t \tag{4-15}$$

式中，q ——土料的几何容积，m^3；

n ——对于单斗挖掘机系指每分钟循环工作次数，对于多斗挖掘机系指每分钟倾倒的土斗数量；

K_H ——土斗的充盈系数，表示实际装料容积与土斗几何容积的比值，对于正向铲可取 1，对于索铲可取 0.9；

K'_p ——土的松散系数，指挖土前的实土与挖后松土体积的比值，其大小与土料的等级有关；

K_B ——时间利用系数，表示挖掘机工作时间利用程度，可取 0.8~0.9；

K_t ——联合作业延误系数，考虑运输工具影响挖掘机的工作时间；有运输工具配合时，可取 0.9，无运输工具配合时应取 1。

2. 运输机械

运输机械可分为循环式和连续式运输机械。

（1）循环式运输机械数量 n 的确定

$$n = \frac{Q_T t}{q(T_1 - T_2)} \tag{4-16}$$

式中，Q_T ——运输强度（一昼夜或一班运载的总方量）；

q ——运输工具装载的有效方量，m^3；

T_1——一昼夜或一班的时间，min；

T_2——一昼夜或一班内运输工具的非工作的时间，min；

t ——运输工具周转一次的循环时间，min。

（2）连续式运输机械

带式运输机的生产率，取决于带宽、带速及带上物料的装满程度。然而，带的装满程度与带的形状、所装物料性质和运输机械布置的倾角有关。若以实方计，带式运输机的实际小时生产率 P_T（m^3/h）可按下式计算：

$$P_T = KB^2 vK_B K_H K'_p K_d K_a \tag{4-17}$$

式中，K ——带形系数；对于平面带，$K = 200$；对于槽形带，$K = 400$；

B ——带宽，m；

v —带的运行速度，m/s，通常可取 1~2m/s；

K_B ——时间利用系数，一般取 0.75~0.8；

K_H ——充盈系数；

K_d ——土石粒径系数；

K_a ——倾角影响系数；

其他符号同前。

（三）挖运强度和挖运机械数量的确定

1. 挖运强度的确定

土石坝施工的挖运强度取决于土石坝的上坝强度，上坝强度又取决于施工中的气象水文条件、施工导流方式、施工分期、工作面的大小、劳动力、机械设备、燃料动力供应情况等因素。在施工组织设计中，一般根据施工进度计划各个阶段要求完成的坝体方量来确定上坝和挖运强度。合理的施工组织管理应有利于实现均衡生产，避免生产大起大落，使人力、机械设备不能充分利用，造成浪费。

上坝强度：

$$Q_D = \frac{V'K_a}{TK_1}K \tag{4-18}$$

式中，V' ——分期完成的坝体设计方量（m,），以压实方计；

K_a ——坝体沉陷影响系数，可取 1.03~1.05；

K ——施工不均衡系数，可取 1.2~1.3；

K_1——坝面作业土料损失系数，可取 0.9~0.95；

T ——施工分期的有效工作日数。

运输强度：

$$Q_T = \frac{Q_D}{K_2}K_c \tag{4-19}$$

式中，K_c ——压实影响系数；

K_2——运输损失系数，可取 0.95~0.99。

开挖强度：

$$Q_c = \frac{Q_D}{K_2K_3}K'_c \tag{4-20}$$

式中，K'_c—— 压实系数，为坝体设计干容重 γ_0 与土料天然容重 γ_c 的比值；

K_3——土料开挖损失系数，一般取 0.92~0.97。

2. **挖运机械数量确定**。

挖掘机装车斗数：

$$m = \frac{Q}{\gamma_c q K_H K'_p} \tag{4-21}$$

式中，Q ——自卸汽车的载重量，t；

q ——选定挖掘机的斗容量，m^3；

γ_c ——料场土的天然容重，t/m^3

K_H ——挖掘机的土斗充盈系数；

K'_p ——土料的松散影响系数。

配套一台挖掘机所需自卸汽车数量 n：

$$np_a \geq p_c \tag{4-22}$$

式中，p_a ——每辆汽车的生产率，m^3/h；

p_c ——每台挖掘机的生产率，m^3/h。

满足施工高峰期上坝强度的挖掘机数量：

$$N_c = \frac{Q_{max}}{p_c} \tag{4-23}$$

满足施工高峰期上坝强度的汽车的数量：

$$N_a = \frac{Q_{T_{\max}}}{p_a} \tag{4-24}$$

(四) 综合机械化方案选择

土石坝工程量巨大，挖、运、填、压等多个工艺环节环环相扣。提高劳动生产率、改善工程质量、降低工程成本的有效措施是采用综合机械化施工。

选择机械化施工方案通常应考虑如下原则：

①适应当地条件，保证施工质量，生产能力满足整个施工过程的要求；

②机械设备性能机动、灵活、高效、低耗、运行安全、耐久可靠；

③通用性强，能承担先后施工的工程项目，设备利用率高；

④机械设备要配套，各类设备均能充分发挥效率，特别应注意充分发挥主导机械的效率，譬如，在挖、运、填、压作业中，应充分发挥龙头机械挖掘机的效率，以期为其他作业设备效率的提高，提供必要的前提和保证；

⑤设备购置及运行费用低，易于获得零、配件，便于维修、保养、管理和调度；

⑥应从采料工作面、回车场地、路桥等级、卸料位置、坝面条件等方面创造相适应的条件，以便充分发挥挖、运、填、压各种机械的效能。

第五节　土石坝施工技术

土石坝是一种充分利用当地材料的坝型。随着大型高效施工机械的广泛使用，施工人数大量减少，施工工期不断缩短，施工费用显著降低，施工条件日益改善，土石坝工程的应用比任何其他坝型都更加广泛。

根据施工方法不同，土石坝分为干填碾压、水中填土、水力冲填（包括水坠坝）和定向爆破筑坝等类型。国内以碾压式土石坝应用最多。

碾压土石坝的施工，包括施工准备作业、基本作业、辅助作业和附加作业等。

准备作业包括“三通一平”，即平整场地、通车、通水、通电，架设通信线路，修建生产、生活福利、行政办公用房以及排水清基等项工作。

基本作业包括料场土石料开采，挖、装、运、卸以及坝面铺平、压实和质检等项工作。

辅助作业是保证准备及基本作业顺利进行，创造良好工作条件的作业，包括清除施工场地及料场的覆盖层，从上坝土料中剔除超径石块、杂物，坝面排水、层间刨毛和洒水等工作。

附加作业是保证坝体长期安全运行的防护及修整工作，包括坝坡修整、铺砌护面块石及种植草皮等。

一、土石料场的规划

土石坝用料量很大，在选坝阶段须对土石料场做全面调查，施工前配合施工组织设计，对料场做深入勘测，并从空间、时间、质量和数量等方面进行全面规划。

（一）时间上的规划

所谓时间规划，就是要考虑施工强度和坝体填筑部位的变化。随着季节及坝前蓄水情况的变化，料场的工作条件也在变化。在用料规划上应力求做到上坝强度高时用近料场，上坝强度低时用较远的料场，使运输任务比较均衡。对近料和上游易淹的料场应先用，远料和下游不易淹的料场后用；含水量高的料场旱季用，含水量低的料场雨季用。在料场使用规划中，还应保留一部分近料场供合龙段填筑和拦洪度汛高峰强度时使用。此外，还应对时间和空间进行统筹规划，否则会产生事与愿违的后果。

（二）空间上的规划

所谓空间规划，系指对料场位置、高程的恰当选择，合理布置。土石料的上坝运距尽可能短些，高程上有利于重车下坡，减少运输机械功率的消耗。近料场不应因取料影响坝的防渗稳定和上坝运输；也不应使道路坡度过陡引起运输事故。坝的上下游、左右岸最好都选有料场，这样有利于上下游左右岸同时供料，减少施工干扰，保证坝体均衡上升。用料时原则上应低料低用，高料高用，当高料场储量有富余时，亦可高料低用。同时，料场的位置应有利于布置开采设备、交通及排水通畅。对石料场尚应考虑与重要建筑物、构筑物、机械设备等保持足够的防爆、防震安全距离。

（三）质与量上的规划

料场质与量的规划，是料场规划最基本的要求，也是决定料场取舍的重要因素。在选择和规划使用料场时，应对料场的地质成因、产状、埋深、储量以及各种物理力学指标进行全面勘探和试验。勘探精度应随设计深度加深而提高。在施工组织设计中，进行用料规划，不仅应使料场的总储量满足坝体总方量的要求，而且应满足施工各个阶段最大上坝强度的要求。

料尽其用，充分利用永久和临时建筑物基础开挖渣料是土石坝料场规划的又一重要原则。为此应增加必要的施工技术组织措施，确保渣料的充分利用。若导流建筑物和永久建筑物的基础开挖时间与上坝时间不一致时，则可以调整开挖和填筑进度，或增设堆料场储备渣料，供填筑时使用。

料场规划还应对主要料场和备用料场分别加以考虑。前者要求质好、量大、运距近，且有利于常年开采；后者通常在淹没区外。当前者被淹没或因库区水位抬高，土料过湿或其他原因中断使用时，则用备用料场保证坝体填筑不致中断。

在规划料场实际可开采总量时，应考虑料场查勘的精度、料场天然容重与坝体压实容重的差异，以及开挖运输、坝面清理、返工削坡等损失。实际可开采总量与坝体填筑量之比一般为：土料 2~2.5，沙砾料 1.5~2，水下沙砾料 2~3，石料 1.5~2。反滤料应根据筛后有效方量确定，一般不宜小于 3。另外，料场选择还应与施工总体布置结合考虑，应根据运输方式、强度来研究运输线路的规划和装料面的布置。料场内装料面应保持合理的间距，间距太小会使道路频繁搬迁，影响工效；间距太大影响开采强度，通常装料面间距取 100 m 为宜。整个场地规划还应排水通畅，全面考虑出料、堆料、弃料的位置，力求避免干扰以加快采运速度。

二、坝面作业施工组织规划

当基础开挖和基础处理基本完成后，就可进行坝体的铺填、压实施工。

坝面作业施工程序包括：铺土、平土、洒水、压实（对于黏性土采用平碾，压实后须刨毛以保证层间结合的质量）、质检等工序。坝面作业，工作面狭窄，工种多，工序多，机械设备多，施工时需有妥善的施工组织规划。

为避免坝面施工中的干扰，延误施工进度，坝面压实宜采用流水作业施工。

流水作业施工组织应先按施工工序数目对坝面分段，然后组织相应专业施工队依次进入各工段施工。这样，对同一工段而言，各专业队按工序依次连续施工；对各专业施工队而言，依次不停地在各工段完成固定的专业工作，其结果是实现了施工专业化，有利于工人熟练程度的提高。同时，各工段都有专业队使用固定的施工机具，从而保证施工过程人、机、地三不闲，避免施工干扰，有利于坝面作业多、快、好、省、安全地进行。

设拟开展的坝面作业划分为铺土、平土洒水、压实、刨毛质检四道工序，于是将坝面至少划分成四个相互平行的工段。在同一时间内，四个工段均有一个专业队完成一道工序，各专业队依次流水作业。

正确划分工段是组织流水作业的前提，每个工段的面积取决于各施工时段的上坝强度，以及不同高程坝面面积的大小。

工段数目 m 可按下式计算：

$$m = \frac{W_D}{W_B} \tag{4-25}$$

其中，

$$W_B = \frac{Q_D}{h} \tag{4-26}$$

式中，W_D ——坝体某一高程工作面面积，可根据施工进度按图确定，m^2；

W_B ——每一工作时段的铺土面积，m^2；

h ——根据压实试验确定的每层铺土厚度，m。

若 m' 为流水作业工序数，m 为每层工段数，二者的大小关系反映流水作业的组织情况。当 $m=m'$ 时，表示流水工段数等于流水工序数，有条件使流水作业在人、机、地三不闲的情况下进行；当 $m > m'$ 时，表示流水工段数大于流水工序数，这样流水作业在“地闲”而人和机械不闲的情况下进行；当 $m < m'$ 时，表示流水工段数小于流水工序数，表明人、机闲置，流水作业无法正常进行，这种情况应予避免。

出现 $m < m'$ 的情况是由于坝面升高、工作面减小或划分流水工序（即划分专业队）过多所致。要增多流水工段数 m，可通过缩短流水单位时间，或降低上坝强度 Q_D 减少单位时间的铺土面积 W_B 来解决。另一条途径是减少流水工序数目 m'，合并某些工序，例如将铺土、平土洒水、压实和质检刨毛四道工序，合并为三道工序，如可将前两道工序合并为铺土平土洒水一道工序。

铺土宜平行坝轴线进行，铺土厚度要匀，超径不合格的土块应打碎，石块、杂物应剔除。进入防渗体内铺土，自卸汽车卸料宜用进占法倒退铺土，使汽车始终在松土上行驶，避免在压实土层上开行，造成超压，引起剪力破坏。汽车穿越反滤层进入防渗体，容易将反滤料带入防渗体内，造成防渗土料与反滤料混杂，影响坝体质量。因此，应在坝面每隔 40~60 m 设专用“路口”，每填筑二三层换一次“路口”位置，既可防止不同土料混杂，又能防止超压产生剪切破坏，万一在“路口”出现质量事故，也便于集中处理，不影响整个坝面作业。

按设计厚度铺土平土是保证压实质量的关键。采用带式运输机或自卸汽车上坝，卸料集中。为保证铺土均匀，须用推土机或平土机散料平土。国内不少工地采用“算方上料、定点卸料、随卸随平、定机定人、铺平把关、插杆检查”的措施，使平土工作取得良好的效果。铺填中不应使坝面起伏不平，避免降雨积水。

黏性土料含水量偏低，主要应在料场加水，若须在坝面加水，应力求“少、勤、匀”，以保证压实效果。对非黏性土料，为防止运输过程脱水过量，加水工作主要在坝面进行。

石渣料和沙砾料压实前应充分加水，确保压实质量。

对于汽车上坝或光面压实机具压实的土层，应刨毛处理，以利层间结合。通常刨毛深度 3~5 cm，可用推土机改装的刨毛机刨毛，工效高，质量好。

三、土石坝施工的质量控制要点

施工质量检查和控制是土石坝安全运行的重要保证，它应贯穿于土石坝施工的各个环节和施工全过程。

（一）料场的质量检查和控制

对土料场应经常检查所取土料的土质情况、土块大小、杂质含量和含水量是否符合规范规定。其中含水量的检查和控制尤为重要。

经测定，若土料的含水量偏高，一方面应改善料场的排水条件和采取防雨措施，另一方面须将含水量偏高的土料进行翻晒处理，或采取轮换掌子面的办法，使土料含水量降低到规定范围再开挖。若以上方法仍难满足要求，可以采用机械烘干法烘干。

当土料含水量不均匀时，应考虑堆筑“土牛”（大土堆），使含水量均匀后再外运。当含水量偏低时，对于黏性土料应考虑在料场加水。料场加水量 Q_0 可按下式计算：

$$Q_0 = \frac{Q_D}{K_p}\gamma_e(\omega_0 + \omega - \omega_e) \tag{4-27}$$

式中，Q_D ——土料上坝强度；

K_p ——土料的可松性系数；

γ_e -——料场的土料容重；

ω_0，ω、，ω_e ——分别为坝面碾压要求的含水量、装车和运输过程中含水量的蒸发损失以及料场土料的天然含水量。ω 值通常取 0.02~0.03，最好在现场测定。

料场加水的有效方法是采用分块筑畦坡，灌水浸渍，轮换取土。地形高差大也可采用喷灌机喷洒，此法易于掌握，节约用水。无论哪种加水方式，均应进行现场试验。对非黏性土料可用洒水车在坝面喷洒加水，避免运输时从料场至坝上的水量损失。

对石料场应经常检查石质、风化程度、爆落块料级配大小及形状是否满足上坝要求。如发现不合要求，应查明原因，及时处理。

（二）坝面的质量检查和控制

在坝面作业中，应对铺土厚度、填土块度、含水量大小，压实后的干容重等进行检查，并提出质量控制措施。对黏性土，含水量的检测是关键。简单办法是“手检”，即手握土料能成团，手指撮可成碎块，则含水量合适。更精确可靠的方法是用含水量测定仪测定。为便于现场质量控制，及时掌握填土压实情况，可绘制干容重、含水量质量管理图。

干容重取样试验结果，其合格率应不小于90%，不合格干容重不得低于设计干容重的

98%，且不合格样不得集中。干容重的测定，黏性土一般可用体积为 200~500 cm^3 的环刀测定；砂可用体积为 500 cm^3 的环刀测定；砾质土、砂砾料、反滤料用灌水法或灌砂法测定；堆石因其空隙大，一般用灌水法测定。当砂砾料因缺乏细料而架空时，也用灌水法测定。

根据地形、地质、坝料特性等因素，在施工特征部位和防渗体中，选定一些固定取样断面，沿坝高 5~10 m，取代表性试样（总数不宜少于 30 个）进行室内物理力学性能试验，作为核对设计及工程管理的根据。此外，还须对坝面、坝基、削坡、坝肩接合部、与刚性建筑物连接处以及各种土料的过渡带进行检查。对土层层间结合处是否出现光面和剪力破坏应引起足够重视，认真检查。对施工中发现的可疑问题，如上坝土料的土质、含水量不合要求，漏压或碾压遍数不够，超压或碾压遍数过多，铺土厚度不均匀及坑洼部位等应进行重点抽查，不合格者返工。

对于反滤层、过渡层、坝壳等非黏性土的填筑，除取样检查外，主要应控制压实参数，如不符合要求，施工人员应及时纠正。在填筑排水反滤层过程中，每层在 25×25 m^2 的面积内取样 1~2 个；对条形反滤层，每隔 50 m 设一取样断面，每个取样断面每层取样不得少于 4 个，均匀分布在断面的不同部位，且层间取样位置应彼此对应。对于反滤层铺填的厚度、是否混有杂物、填料的质量及颗粒级配等应全面检查。通过颗粒分析，查明反滤层的层间系数和每层的颗粒不均匀系数是否符合设计要求。如不符合要求，应重新筛选，重新铺填。

土坝的堆石棱体与堆石体的质量检查大体相同。主要应检查上坝石料的质量、风化程度、石块的重量、尺寸、形状、堆筑过程有无离析架空现象发生等。对于堆石的级配、孔隙率大小，应分层分段取样，检查是否符合规范要求。随坝体的填筑应分层埋设沉降管，对施工过程中坝体的沉陷进行定期观测，并做出沉陷随时间的变化过程线。

对于填筑土料、反滤料、堆石等的质量检查记录，应及时整理，分别编号存档，编制数据库。既作为施工过程全面质量管理的依据，也作为坝体运行后进行长期观测和事故分析的佐证。

第六节　堤防及护岸工程施工技术

堤防工程包括土料场选择与土料挖运、堤基处理、堤身施工、防渗工程施工、防护工程施工、堤防加固与扩建等内容。

护岸工程是指直接或间接保护河岸，并保持适当整治线的任何一种结构，它包括用混凝土、块石或其他材料做成的直接（连续性的）护岸工程，也包括诸如用丁坝等建筑物用来改变和调整河槽的间接性（非连续性的）护岸工程。

一、堤身填筑

堤防施工的主要内容包括土料选择与土场布置、施工放样与堤基清理、铺土压实与竣工验收等。

（一）土料选择

土料选择的原则是：一方面要满足防渗要求，另一方面应就地取材，因地制宜。

①开工前，应根据设计要求、土质、天然含水量、运距及开采条件等因素选择取料区。

②均质土堤宜选用中壤土或者亚黏土；铺盖、心墙、斜墙等防渗体宜选用黏性较大的土；堤后盖重宜选用砂性土。

③淤泥土、杂质土、冻土块、膨胀土、分散性黏土等特殊土料，一般不宜用于填筑堤身。

（二）土料开采

1. 地表清理

土料场地表清理包括清除表层杂质和耕作土、植物根系及表层稀软淤土。

2. 排水

土料场排水应采取截、排结合，以截为主的措施。对于地表水应在采料高程以上修筑截水沟加以拦截。对于流入开采范围的地表水应挖纵横排水沟迅速排除。在开挖过程中，应保持地下水位在开挖面 0.5 m 以下。

3. 常用挖运设备

堤防施工是挖、装、运、填的综合作业。开挖与运输是施工的关键工序，是保证工期和降低施工费用的主要环节。堤防施工中常用的设备按其功能可分为挖装、运输和碾压三类，主要设备有挖掘机、铲运机、推土机、碾压设备和自卸汽车等。

4. 开采方式

土料开采主要有立面开采和平面开采两种方式。无论采用何种开采方式均应在料场对土料进行质量控制，检查土料性质及含水率是否符合设计规定，不符合规定的土料不得上堤。

（三）填筑技术要求

1. 堤基清理

①筑堤工作开始前，必须按设计要求对堤基进行清理。

②堤基清理范围包括堤身、铺盖和压载的基面。堤基清理边线应比设计基面边线宽出30~50 cm，老堤基加高培厚，其清理范围包括堤顶和堤坡。

③堤基清理时，应将堤基范围内的淤泥、腐殖土、泥炭、不合格土及杂草、树根等清除干净。

④堤基内的井窖、树坑、坑塘等应按堤身要求进行分层回填处理。

⑤堤基清理后，应在第一层铺填前进行平整压实，压实后土体干密度应符合设计要求。

⑥堤基冻结后不应有明显冻夹层、冻胀现象或浸水现象。

2. 填筑作业的一般要求

①地面起伏不平时，应按水平分层由低处开始逐层填筑，不得顺坡铺填；堤防横断面上的地面坡度陡于1：5时，应削至缓于1：5。

②分段作业面长度，机械施工时工段长不应小于100 m；人工施工时段长可适当减短。

③作业面应分层统一铺土、统一碾压，并进行平整，界面处要相互搭接，严禁出现界沟。

④在软土堤基上筑堤时，如堤身两侧设有压载平台，则应按设计断面同步分层填筑。

⑤相邻施工段的作业面宜均衡上升，若段与段之间不可避免出现高差时，应以斜坡面相接，并按堤身接缝施工要点的要求作业。

⑥已铺土料表面在压实前被晒干时，应洒水湿润。

⑦光面碾压的黏性土填筑层在新层铺料前，应做刨毛处理。

⑧若发现局部“弹簧土”、层间光面、层间中空、松土层等质量问题时，应及时进行处理，并经检验合格后，方可铺填新土。

⑨在软土地基上筑堤，或用较高含水量土料填筑堤身时，应严格控制施工速度，必要时应在地基、坡面设置沉降和位移观测点，根据观测资料分析结果，指导安全施工。

⑩堤身全断面填筑完毕后，应作整坡压实及削坡处理，并对堤防两侧护堤地面的坑洼进行铺填平整。

3. 铺料作业的要求

①铺料前应将已压实层的压光面层刨毛，含水量应适宜，过干时要洒水湿润。

②铺料要求均匀、平整。每层铺料厚度和土块直径的限制尺寸应通过碾压试验确定。

③严禁沙（砾）料或其他透水料与黏性土料混杂，上堤土料中的杂质应当清除。

④土料或砾质土可采用进占法或后退法卸料，沙砾料宜用后退法卸料；沙砾料或砾质土卸料时如发生颗粒分离现象，应将其拌和均匀。沙砾料分层铺填的厚度不宜超过 35 cm，用重型振动碾时，可适当加厚，但不超过 80 cm。

⑤铺料至堤边时，应在设计边线外侧各超填一定余量。人工铺料宜为 10 cm，机械铺料宜为 30 cm。

⑥土料铺填与压实工序应连续进行，以免土料含水量变化过大影响填筑质量。

4. 压实作业的要求

①施工前应先做碾压试验，确定碾压参数，以保证碾压质量能达到设计干密度值。

②碾压时必须严格控制土料含水率。土料含水率应控制在最优含水率±3%范围内。

③分段填筑，各段应设立标志，以防漏压、欠压和过压。上下层的分段接缝位置应错开。

④分段、分片碾压时，相邻作业面的搭接碾压宽度，平行堤轴线方向不应小于 0. 5 m，垂直堤轴线方向不应小于 3 m。

⑤沙砾料压实时，洒水量宜为填筑方量的 20%～40%；中细沙压实时的洒水量，应按最优含水率控制。

二、护岸护坡

护岸工程一般是布设在受水流冲刷严重的险工险段，其长度一般应从开始塌岸处至塌岸终止点，并加一定的安全长度。通常堤防护岸工程包括水上护坡和水下护脚两部分。水上与水下之分均指枯水施工期而言。护岸工程的原则是先护脚后护坡。

堤岸防护工程一般可分为坡式护岸（平顺护岸）、坝式护岸、墙式护岸等几种。

（一）坡式护岸

即顺岸坡及坡脚一定范围内覆盖抗冲材料，这种护岸形式对河床边界条件改变和对近岸水流条件的影响均较小，是一种较常采用的形式。

1. 护脚工程

下层护脚为护岸工程的根基，其稳固与否，决定着护岸工程的成败，实践中所强调的“护脚为先”就是对其重要性的经验总结。护脚工程及其建筑材料要求能抵御水流的冲刷及推移质的磨损；具有较好的整体性并能适应河床的变形；较好的水下防腐朽性能；便于水下施工并易于补充修复。经常采用的形式有抛石护脚、抛石笼护脚、沉排护脚等。

（1）抛石护脚

抛石护脚是平顺坡式护岸下部固基的主要方法。抛石护脚宜在枯水期组织施工。要严格按施工程序进行，设计好抛石船位置，抛投由上游往下游，由远而近，先点后线，先深后浅，顺序渐进，自下而上分层均匀抛投。

（2）抛石笼护脚

现场石块尺寸较小，抛投后可能被水冲走，可采用抛石笼的方法。石笼护脚多用于流速大于 5.0 m/s、岸坡较陡的岸段。预先以编织、扎绳索成的铅丝网、钢筋网，在现场充填石料后抛投入水。石笼体积可达 1.0～2.5 m^3，具体大小由现场抛投手段和能力而定。抛投完成后，要全面进行一次水下探测，将笼与笼接头不严处用大块石抛填补齐。

铅丝石笼的主要优点是可以充分利用较小粒径的石料，具有较大体积与质量，整体性和柔韧性能均较好，用于护岸时，可适应坡度较陡的河岸。

（3）沉排护脚

沉排又叫柴排，它是一种用梢料制成大面积的排状物，用块石压沉于近岸河床之上，以保护河床、岸坡免受水流淘刷的一种工程措施。

沉排是靠石块压沉的，石块的大小和数量，应通过计算大致确定。

沉排护脚的主要优点是：整体性和柔韧性强，能适应河床变形，同时坚固耐用，具有较长的使用寿命，以往一般认为可达 10～30 年。

沉排的缺点主要是：成本高，用料多，制作技术和沉放要求较高，一旦散排上浮，器材损失严重。另外要及时抛石维护，防止因排脚局部淘刷而造成沉排折断破坏。

（4）沉枕护脚

抛沉柳石枕也是最常用的一种护脚工程形式，其结构是：先用柳枝、芦苇、秸料等扎成直径 15 cm、长 5～10 m 左右的梢把（又称梢龙），每隔 0.5 m 紧扎篾子一道（或用 16 号铅丝捆扎），然后将其铺在枕架上，上面堆置块石，石块上再放梢把，最后用 14 号或 12 号铅丝捆紧成枕。枕体两端应装较大石块，并捆成布袋口形，以免枕石外漏。有时为了控制枕体沉放位置，在制作时，加穿心绳（三股 8 号铅丝绞成）。

沉枕一般设计成单层，对个别局部陡坡险段，也可根据实际需要设计成双层或三层。

沉枕上端应在常年枯水位下 0.5 m，以防最枯水位时沉枕外露而腐烂，其上还应加抛接坡石。沉枕外脚，有可能因河床刷深而使枕体下滚或悬空折断，因此要加抛压脚石。为稳定枕体，延长使用寿命，最好在其上部加抛压枕石，压枕石一般平均厚 0.5 m。

沉枕护脚的主要优点是能使水下掩护层联结成密实体，又因具有一定的柔韧性，入水后可以紧贴河床，起到较好的防冲作用。同时，也容易滞沙落淤，稳定性能较好，在我国黄河干、支流治河工程中被广泛采用。

2. 护坡工程

护坡工程除受水流冲刷作用外，还要承受波浪的冲击及地下水外渗的侵蚀。其次，因处于河道水位变动区，时干时湿，这就要求其建筑材料坚硬、密实、能长期耐风化。

目前，常见的护坡工程结构形式有干砌石护坡、浆砌石护坡、混凝土护坡、模袋混凝土护坡等。

（1）干砌石护坡

①坡面较缓（1.0∶2.5~1.0∶3.0）、受水流冲刷较轻的坡面，采用单层干砌块石护坡或双层干砌块石护坡。

②坡面有涌水现象时，应在护坡层下铺设 15 cm 以上厚度的碎石、粗沙或沙砾作为反滤层。封顶用平整块石砌护。

③干砌石护坡的坡度，根据土体的结构性质而定，土质坚实的砌石坡度可陡些，反之则应缓些。一般坡度 1.0∶2.5~1.0∶3.0，个别可为 1.0∶2.0。

（2）浆砌石护坡

①坡度在 1∶1~1∶2，或坡面位于沟岸、河岸，下部可能遭受水流冲刷，且洪水冲击力强的防护地段，宜采用浆砌石护坡。

②浆砌石护坡由面层和起反滤层作用的垫层组成。面层铺砌厚度为 25~35 cm，垫层又分为单层和双层两种，单层厚 5~15 cm，双层厚 20~25 cm。原坡面如为沙、砾、卵石，可不设垫层。

③对长度较大的浆砌石护坡，应沿纵向每隔 10~15 m 设置一道宽约 2 cm 的伸缩缝，并用沥青或木条填塞。

（3）混凝土护坡

①在边坡坡脚可能遭受强烈洪水冲刷的陡坡段，采取混凝土（或钢筋混凝土）护坡，必要时须加锚固定。

②混凝土护坡施工工序有测量、放线、修整夯实边坡、开挖齿坎、滤水垫层、立模、混凝土浇筑、养护等，并注意预留排水孔。

③预制混凝土块施工工序为：预制混凝土块，测量放线，整平夯实边坡，开挖齿坎，铺设垫层，混凝土砌筑，勾缝养护。

（4）模袋混凝土护坡

①清整浇筑场地。清除坡面杂物，平整浇筑面。

②模袋铺设。开挖模袋埋固沟后，将模袋从坡上往坡下铺放。

③充填模袋。利用灌料泵自下而上，按左、右、中灌入孔次序充填。充填约 1 h 后，清除模袋表面漏浆，设渗水孔管，回填埋固沟，并按规定要求养护。

（二）坝式护岸

坝式护岸是指修建丁坝、顺坝，将水流挑离堤岸，以防止水流、波浪或潮汐对堤岸边坡的冲刷，这种形式多用于游荡性河流的护岸。

坝式防护分为丁坝、顺坝、丁顺坝、潜坝四种形式，坝体结构基本相同。丁坝护岸的要点如下：

丁坝是一种间断性的有重点的护岸形式，具有调整水流的作用。在河床宽阔、水浅流缓的河段，常采用这种护岸形式。

丁坝坝头底脚常有垂直漩涡发生，以致冲刷为深塘，故坝前应予以保护或将坝头构筑坚固，丁坝坝根须埋入堤岸内。

（三）墙式护岸

墙式护岸是指顺堤岸修筑竖直陡坡式挡墙，这种形式多用于城区河流或海岸防护。

在河道狭窄，堤外无滩且易受水冲刷，受地形条件或已建建筑物限制的重要堤段，常采用墙式护岸。

墙式防护（防洪墙）分为重力式挡土墙、扶壁式挡土墙、悬臂式挡土墙等形式。墙式护岸一般临水侧采用直立式，在满足稳定要求的前提下，断面应尽量减小，以减少工程量和少占地为原则。墙体材料可采用钢筋混凝土、混凝土和浆砌石等。墙基应嵌入堤岸护脚一定深度，以满足墙体和堤岸整体抗滑稳定及抗冲刷的要求。如冲刷深度大，还须采取抛石等护脚固基措施，以减少基础埋深。

混凝土护岸可采用大型模板或拉模浇筑，按规范施工。

第七节　土工合成材料

一、土工合成材料的分类

《土工合成材料应用技术规范》（GB 50290—2014）把土工合成材料分为土工织物、土工膜、土工复合材料和土工特种材料四大类。

（一）土工织物

土工织物又称土工布，它是由聚合物纤维制成的透水性土工合成材料。按制造方法不同，土工织物可分为织造型（有纺）与非织造型（无纺）土工织物两大类。

（二）土工膜

土工膜是透水性极低的土工合成材料。按制作方法不同，可分为现场制作和工厂预制两大类；按原材料不同，可分为聚合物和沥青两大类，聚合物膜在工厂制造，而沥青膜则大多在现场制造；为满足不同强度和变形需要，又有加筋和不加筋之分。

（三）土工复合材料

土工复合材料是为满足工程特定需要把两种或两种以上的土工合成材料组合在一起的制品。

1. 复合土工膜

是将土工膜和土工织物复合在一起的产品，在水利工程中应用广泛。

2. 塑料排水带

由不同凹凸截面形状并形成连续排水槽的带状塑料心材，外包非织造土工织物（滤膜）构成的排水材料。在码头、水闸等软基加固工程中被广泛应用。

3. 软式排水管，又称为渗水软管

它由支撑骨架和管壁包裹材料两部分构成。支撑骨架由高强度钢丝圈构成，高强钢丝由钢线经磷酸防锈处理，外包一层 PVC 材料，使其与空气、水隔绝，避免氧化生锈。管壁包裹材料有三层：内层为透水层，由高强度尼龙纱作为经纱，特殊材料为纬纱制成；中层为非织造土工织物过滤层；外层为与内层材料相同的覆盖层，具有反滤、透水、保护作用。在支撑体和管壁外裹材料间、外裹各层之间都采用了强力黏结剂黏合牢固，以确保软式排水管的复合整体性。软式排水管可用于各种排水工程中。

（四）土工特种材料

土工特种材料是为工程特定需要而生产的产品。常见的有以下几种：

1. 土工格栅

在聚丙烯或高密度聚乙烯板材上先冲孔，然后进行拉伸而成的带长方形孔的板材。按拉伸方向不同，可分为单向拉伸（孔近矩形）和双向拉伸（孔近方形）两种，土工格栅埋在土内，与周围土之间不仅有摩擦作用，而且由于土石料嵌入其开孔中，还有较高的啃合力，它与土的摩擦系数高达 0. 8~1. 0。土工格栅强度高、延伸率低，是加筋的好材料。

2. 土工网

由聚合物经挤塑成网或由粗股条编织或由合成树脂压制而成的具有较大孔眼和一定刚度的平面网状结构材料。一般土工网的抗拉强度都较低，延伸率较高。常用于坡面防护、植草、软基加固垫层和用于制造复合排水材料。

3. 土工模袋

由上下两层土工织物制成的大面积连续袋状材料，袋内充填混凝土或水泥砂浆，凝固

后形成整体混凝土板，适用于护坡。模袋上下两层之间用一定长度的尼龙绳拉接，用以控制填充时的厚度。按加工工艺不同，模袋可分为工厂生产的机织模袋和手工缝制的简易模袋两类。

4. **土工格室**

由强化的高密度聚乙烯宽带，每隔一定间距以强力焊接而形成的网状格室结构。格室张开后，可填土料，由于格室对土的侧向位移的限制，可大大提高土体的刚度和强度。土工格室可用于处理软弱地基，增大其承载力；沙漠地带可用于固沙；也可用于护坡；等等。

5. **土工管、土工包**

用经防老化处理的高强度土工织物制成的大型管袋及包裹体，可用于护岸、崩岸抢险和堆筑堤防。

6. **土工合成材料黏土垫层**

由两层或多层土工织物或土工膜中间夹一层膨润土粉末（或其他低渗透性材料）以针刺（缝合或黏结）而成的一种复合材料。其优点是体积小、质量轻、柔性好、密封性良好、抗剪强度较高、施工简便、适应不均匀沉降，比压实黏土垫层更优越，可代替一般的黏土密封层，用于水利或土木工程中的防渗或密封设计。

上述土工合成材料在土建工程中应用时，不同的部位应使用不同的材料，其功能主要可归纳为六类，即反滤、排水、隔离、防渗、防护和加筋。

本节对水利工程应用较多的土工格栅和土工布做简要介绍。

二、土工格栅

（一）土工格栅分类

土工格栅是一种主要的土工合成材料，与其他土工合成材料相比，它具有独特的性能与功效。土工格栅常用作加筋土结构的筋材或复合材料的筋材等。土工格栅分为塑料土工格栅、钢塑土工格栅、玻璃纤维土工格栅和玻纤聚酯土工格栅四大类。

1. **塑料土工格栅**

塑料土工格栅是经过拉伸形成的具有方形或矩形的聚合物网材，按其制造时拉伸方向的不同可为单向拉伸和双向拉伸两种。它是在经挤压制出的聚合物板材（原料多为聚丙烯或高密度聚乙烯）上冲孔，然后在加热条件下施行定向拉伸。单向拉伸格栅只沿板材长度方向拉伸制成，而双向拉伸格栅则是继续将单向拉伸的格栅再在其长度垂直的方向拉伸制成。

由于塑料土工格栅在制造中聚合物的高分子会随加热延伸过程而重新排列定向，加强了分子链间的联结力，达到了提高其强度的目的。其延伸率只有原板材的10%~15%。如果在土工格栅中加入炭黑等抗老化材料，可使其具有较好的耐酸、耐碱、耐腐蚀和抗老化等耐久性能。

双向土工格栅是用高分子聚合物通过挤压、成板、冲孔过程后再纵向、横向拉伸而成。该材料在纵向和横向上都具有很高的拉伸强度，这种结构在土壤中同样也能提供一个更为有效的承载力和理想扩散的连锁系统，适应于大面积永久性承载的地基。

单向土工格栅是由高分子聚合物经挤压成薄板再冲规则孔网，然后纵向拉伸而成。这种过程中使高分子成定向线性状态并形成分布均匀、节点强度高的长椭圆形网状整体性结构。此种结构具有相当高的拉伸强度和拉伸模量。

2. 钢塑土工格栅

钢塑土工格栅以高强钢丝（或其他纤维），经特殊处理，与聚乙烯（PE），并添加其他助剂，通过挤出使之成为复合型高强抗拉条带，且表面有粗糙压纹，则为高强加筋土工带。由此单带，经纵、横按一定间距编制或夹合排列，采用特殊强化黏结的熔焊技术焊接其交接点而成型，则为加筋土工格栅。

3. 玻璃纤维土工格栅

玻璃纤维土工格栅是以玻璃纤维为材质，采用一定的编织工艺制成的网状结构材料，为保护玻璃纤维、提高整体使用性能，经过特殊的涂覆处理工艺而成的土工复合材料。玻璃纤维的主要成分氧化硅是无机材料，其理化性能极具稳定，并具有强度大、模量高，很高的耐磨性和优异的耐寒性，无长期蠕变；热稳定性好；网状结构使集料嵌锁和限制；提高沥青混合料的承重能力。因表面涂有特殊的改性沥青使其具有两重的复合性能，极大地提高了土工格栅的耐磨性及剪切能力。

有时配合自黏感压胶和表面沥青浸渍处理，使格栅和沥青路面紧密结合成一体。由于土石料在土工格栅网格内互锁力增高，它们之间的摩擦系数显著增大（可达0.8~1.0），土工格栅埋入土中的抗拔力，由于格栅与土体间的摩擦咬合力较强而显著增大，因此它是一种很好的加筋材料。同时土工格栅是一种质量轻，具有一定柔性的塑料平面网材，易于现场裁剪和连接，也可重叠搭接，施工简便，不需要特殊的施工机械和专业技术人员。

4. 玻璃纤维土工格栅的特点

①高抗拉强度、低延伸率——玻纤土工格栅是以玻璃纤维为原料，具有很高的抗变形能力，断裂延伸率小于3%。

②无长期蠕变——作为增强材料，具备在长期荷载的情况下抵抗变形的能力即抗蠕变

性是极为重要的，玻璃纤维不会发生蠕变，这保证产品能够长期保持性能。

③热稳定性——玻璃纤维的熔化温度在 1000 ℃以上，这确保了玻纤土工格栅在摊铺作业中承受热的稳定性。

④与沥青混合的相容性——玻纤土工格栅在后处理工艺中涂覆的材料是针对沥青混合料设计的，每根纤维都被充分涂覆，与沥青具有很高的相容性，从而确保了玻纤土工格栅在沥青层中不会与沥青混合料产生隔离，而是牢固地结合在一起。

⑤物理化学稳定性——经过特殊涂覆后处理，玻纤土工格栅能够抵抗各类物理磨损和化学侵蚀，还能抵御生物侵蚀和气候变化，保证其性能不受影响。

⑥集料嵌锁和限制——由于玻纤土工格栅是网状结构，沥青混凝土中的集料可以贯穿其中，这样就形成了机械嵌锁。这种限制阻碍了集料的运动，使沥青混合料在受荷载的情况下能够达到更好的压实状态，更高的承重能力，更好的荷载传递性能及较小的变形。

其中双向拉伸土工格栅主要适用于各种堤坝和路基补强、边坡防护、洞壁补强，大型机场、停车场、码头货场等永久性承载的地基补强。增大路（地）基的承载力，延长路（地）基的使用寿命；防止路（地）面塌陷或产生裂纹，保持地面美观整齐；施工方便，省时，省力，缩短工期，减少维修费用；防止涵洞产生裂纹；增强土坡，防止水土流失；减少垫层厚度，节约造价。

（二）土工格栅施工要点

①施工场地：要求压实平整、呈水平状、清除尖刺凸起物。

②格栅铺设：在平整压实的场地上，安装铺设的格栅其主要受力方向（纵向）应垂直于路、堤轴线方向，铺设要平整，无皱折，尽量张紧。用插钉及土石压重固定，铺设的格栅主要受力方向最好是通长无接头，幅与幅之间的连接可以人工绑扎搭接，搭接宽度不小于 10 cm。如设置的格栅在两层以上，层与层之间应错缝。大面积铺设后，要整体调整其平直度。当填盖一层土后，未碾压前，应再次用人工或机具张紧格栅，力度要均匀，使格栅在土中为绷直受力状态。

③填料的选择：填料应按设计要求选取。实践证明，除冻结土、沼泽土、生活垃圾、白垩土、硅藻土外均可用做填料。但砾类土和砂类土力学性能稳定，受含水量影响很小，宜优先选用。填料粒径不得大于 15 cm，并注意控制填料级配，以保证压实重量。

④填料的摊铺和压实：当格栅铺设定位后，应及时填土覆盖，裸露时间不得超时 48 h，亦可采取边铺设边回填的流水作业法。先在两端摊铺填料，将格栅固定，再向中部推进。碾压的顺序是先两侧后中间。碾压时压轮不能直接与筋材接触，未压实的加筋体一般不允许车辆在上面行驶，以免筋材错位。分层压实厚度为 20~30 cm。压实度必须达到设计要求，这也是加筋土工程的成败关键。

⑤防排水措施：在加筋土工程中一定要做好墙体内外的排水处理；要做好护脚，防冲刷；在土体内要设置滤、排水措施，必要时，应设置土工布。

⑥第一层土工格栅铺好后，开始填设第二层 0.2 m 厚的填筑料，其方法：汽车运砂到工地卸于路基一侧，而后用推土机向前赶推，先把路基两侧 2 m 范围内填筑 0.1 m 后，把第一层土工格栅折翻上来再填上 0.1 m 的填筑料，禁止两侧向中间填筑和推进，禁止各种机械在没有填筑料的土工格栅上通行作业，这样能保证土工格栅平整，不起鼓，不起皱，待第二层填筑料平整后，要进行水平测量，防止填筑厚度不均匀，待抄平无误后用振动碾压路机静压两遍，依此类推。

三、土工膜和土工布

土工布可以代替传统粒料建造反滤层和排水体，用无纺土工织物作为反滤材料，其单位面积质量和厚度应符合工程要求，遇往复水流时，应采用较厚织物。

采用的无纺土工织物排水能力不足时可用其他复合排水材料。

水利工程中长丝土工布能替代传统的工程材料及施工方法，施工更安全，并有助于环境保护，能更经济、有效、持久地解决工程建设中的基本问题，特别是与土工膜热合成复合土工膜时更具有优势。

长丝土工布的特点：

强度高：同等克重规格下，各向拉伸强度均高于其他针刺无纺布。

抗紫外线光照优：具有极高的抗紫外线能力。

耐极高温性能优：耐高温达 230 ℃，高温下仍保持结构完整及原有的物理性能；渗透性及平面排水性优：土工布较厚且是针刺成型的，具有良好的平面排水和垂直透水性，多年后仍能保持此性能。

耐蠕变性强：耐蠕变性优于其他土工布，因此长效性好，它能耐土中常见化学物质的侵蚀以及耐汽油、柴油等的腐蚀。

优良的延展性：土工布在一定应力下有很好的延伸率，使之能适应凹凸不平的不规则基面。

（一）土工织物施工要点

土工织物反滤层和排水体施工包含以下工序：平整碾压场地、织物备料、铺设、回填和表面防护。

平整碾压场地，应清除地面一切可能损伤土工织物的带尖棱硬物，填平坑凹，平整土面或修好坡面。

备料。按工程要求裁剪、拼幅、应避免织物被损伤，保持其不受脏物污染。

铺设。应符合以下要求：

①应力求平顺，松紧适度，不得绷拉过紧；织物应与土面密贴，不留空隙。

②发现织物有损，应立即修补或更换。

③相邻织物块拼接可用搭接或缝接，一般可用搭接，平地搭接宽度可取 30 cm，不平地面或极软土应不小于 50 cm，水下铺设应适当加宽。

④预计织物在工作期间可能发生较大位移而使织物拉开时，应采用缝接。

⑤有往复水流时，宜在织物下铺厚 5～10 cm 砂层。此时不宜用搭接，以免沙进入夹缝，使织物分离。有动力荷载作用时，亦应先铺沙层。

⑥流水中铺设时，搭接处上游织物块应盖在下游块之上。

⑦坡面铺设一般应自下而上进行，坡顶、坡脚应以锚固沟或其他可靠方法固定，防止其滑动。

⑧铺设工人应穿软底鞋，以免损伤织物。

⑨织物铺好后，应避免受日光直接照射。随铺随填，或采取保护措施。

⑩与岸坡结构物的连接处，不得留空隙，结合良好。

回填应符合以下要求：

①回填料不得含有损于织物的物质。

②回填时，不得破坏土工织物，土工织物上至少有厚 30 cm 的松土垫层，方允许轻碾压密实。不得使用重型机械或振动碾压实。

③回填料的压实度应符合设计要求。

（二）防渗土工膜

对于高水头（大于 50 m）挡水建筑物，采用土工织物防渗应经过论证。

用于防渗的土工合成材料主要有土工膜及复合土工膜，其厚度应根据具体基层条件、环境条件及所用土工合成材料性能确定，承受高应力的防渗结构，应采用加筋土工膜。为增加其面层摩擦系数，可采用复合土工膜或表面加糙的土工膜。

为防止土工膜受水、气顶托破坏，应该采取排水、排气措施，一般可用土工织物复合土工膜，预计有大量水、气作用时，应根据情况设专门排放措施。

1. 土工膜防渗结构

防渗土工膜应在其上面设防护层、上垫层，在其下面设下垫层。

防护层材料和构造应按工程类别、重要性和使用条件等合理确定。

①渠道、蓄水池等的防护层可采用压实素填土、沙砾石、预制或现浇混凝土板、浆砌石或干砌石。

②防护层采用堆石或混凝土等刚性材料时，防护层下应设置上垫层。当采用上覆土工织物复合土工膜时可以不设上垫层。

③防护层的具体要求和做法应符合《碾压式土石坝设计规范》（GB 50290—2014）的规定。

④上垫层的材料及做法应根据防渗土工膜及防护层的类型确定。

⑤下垫层应按工程类别，土工膜类型和地基条件等确定。

2. 施工要点

施工包括以下工序：准备工作、铺设、拼接、质量检验和回填。

土工膜应尽量用宽幅，减少拼接量；应使在不利条件下能满意拼接，在工厂应尽量拼成要求尺寸的块体，卷在钢管上，妥善运至工地。

平整场地，清除一切尖角杂物，做好排渗设施，挖好固定沟。

土工膜的铺设，在库底、池底等平地上借拖拉机或人工滚放；在坡面上，将卷材装在卷扬机上，自坡顶徐徐展放至坡底、坡顶，坡底处埋入固定沟，应该注意以下事项：

①铺放应在干燥和暖天气进行；

②铺放时不应过紧，应留足够余幅（大约 1.5%），以便拼接和适应气温变化；

③铺放时随铺随压，以防风吹；

④接缝应与最大拉力方向平行；

⑤坡面弯曲处特别注意剪裁尺寸；

⑥施工时发现损伤，应及时修补；

⑦应密切注意防火，不得抽烟；

⑧施工人员应穿无钉鞋或胶底鞋。

土工膜拼接。有热熔焊法和胶黏法，应根据膜材种类、厚度和现有工具等优选采用热熔焊法，焊缝抗拉强度较高，胶黏法多用于局部修补，焊缝搭接宽约 10 cm 保证拼接的质量应注意以下事项：

①应进行试拼接；

②所用胶料应在蓄水后不溶解。

第五章　混凝土施工技术

第一节　料场规划

一、骨料的料场规划

骨料的料场规划是骨料生产系统设计的基础。伴随设计阶段的深入，料场勘探精度的提高，要提出相应的最佳用料方案。最佳用料方案取决于料场的分布、高程，骨料的质量、储量、天然级配、开采条件、加工要求、弃料多少、运输方式、运距远近、生产成本等因素。骨料料场的规划、优选，应通过全面技术经济论证。

沙石骨料的质量是料场选择的首要前提。骨料的质量要求包括强度、抗冻、化学成分、颗粒形状、级配和杂质含量等。水工现浇混凝土粗骨料多用四级配，即 5～20 mm、20～40 mm、40～80 mm、80～120 mm（或 150 mm）。砂子为细骨料，通常分为粗砂和细砂两级，其大小级配由细度模数控制，合理取值为 2.4～3.2。增大骨料颗粒尺寸、改善级配，对于减少水泥用量，提高混凝土质量，特别是对大体积混凝土的控温防裂具有积极意义。然而，骨料的天然级配和设计级配要求总有差异，各种级配的储量往往不能同时满足要求。这就需要多采或通过加工来调整级配及其相应的产量。骨料来源有三种：①天然骨料，采集天然沙砾料经筛分分级，将富裕级配的多余部分作为弃料；天然混合料中含沙不足时，可用山沙即风化沙补足。②人工骨料，用爆破开采块石，通过人工破碎筛分成碎石，磨细成沙。③组合骨料，以天然骨料为主，人工骨料为辅。人工骨料可以由天然骨料筛出的超径料加工而得，也可以爆破开采块石经加工而成。

搞好沙石料场规划应遵循如下原则：

①首先要了解沙石料的需求、流域（或地区）的近期规划、料源的状况，以确定是建立流域或地区的沙石生产基地还是建立工程专用的沙石系统。

②应充分考虑自然景观、珍稀动植物、文物古迹保护方面的要求，将料场开采后的景观、植被恢复（或美化改造）列入规划之中，应重视料源剥离和弃渣的堆存，避免水土流失，还应采取恢复的措施。在进行经济比较时应计入这方面的投资。当在河滩开采时，还

应对河道冲淤、航道影响进行论证。

③满足水工混凝土对骨料的各项质量要求，其储量力求满足各设计级配的需要，并有必要的富余量。初查精度的勘探储量，一般不少于设计需要量的3倍，详细精度的勘探储量，一般不少于设计需要量的2倍。

④选用的料场，特别是主要料场，应场地开阔，高程适宜，储量大，质量好，开采季节长，主辅料场应能兼顾洪枯季节，互为备用。

⑤选择可采率高，天然级配与设计级配较为接近，用人工骨料调整级配数量少的料场。任何工程应充分考虑利用工程弃渣的可能性和合理性。

⑥料场附近有足够的回车和堆料场地，且占用农田少，不拆迁或少拆迁现有生活、生产设施。

⑦选择开采准备工作量小，施工简便的料场。如以上要求难以同时满足，应以满足主要要求，即以满足质量、数量为基础，寻求开采、运输、加工成本费用低的方案，确定采用天然骨料、人工骨料还是组合骨料用料方案。若是组合骨料，则需确定天然和人工骨料的最佳搭配方案。通常对天然料场中的超径料，通过加工补充短缺级配，形成生产系统的闭路循环，这是减少弃料、降低成本的好办法。若采用天然骨料方案，为减少弃料应考虑各料场级配的搭配，满足料场的最佳组合。显然，质好、量大、运距短的天然料场应优先采用。只有在天然料运距太远，成本太高时，才考虑采用人工骨料方案。

人工骨料通过机械加工，级配比较容易调整，以满足设计要求。人工破碎的碎石，表面粗糙，与水泥砂浆胶结强度高，可以提高混凝土的抗拉强度，对防止混凝土开裂有利。但在相同水灰比情况下，同等水泥用量的碎石混凝土较卵石混凝土的和易性和工作度要差一些。

有碱活性的骨料会引起混凝土的过量膨胀，一般应避免使用。当采用低碱水泥或掺粉煤灰时，碱骨料反应受到抑制，经试验证明对混凝土不致产生有害影响时也可选用。当主体工程开挖渣料数量较多，且质量符合要求时，应尽量予以利用。它不仅可以降低人工骨料成本，还可节省运渣费用，减少堆渣用地和环境污染。

二、天然沙石料开采

按照沙石料场开采条件，可分为水下和陆上开采两类。20世纪50年代到60年代中期，水下开采砂石料多使用120 m^3/h 链斗式采沙船和50~60 m^3 容量的砂驳配套采运，也有用窄轨矿车配套采运的。20世纪70年代后，葛洲坝工程先后采用了生产能力更大的250 m^3/h 和750 m^3/h 的链斗式采砂船，250型采沙船枯水期最大日产5220 m^3。750型采沙船枯水期最大日产达13 458 m^3，中水期达11 537 m^3，水面下正常挖深16 m，最大挖深

20 m。两艘船平均日产可达 1.5 万~1.6 万 m^3。水口工程砂石料场含砂率偏高，在采砂船链斗转料点装设筛分机，筛除部分砂子，减少毛料运输。

三、人工骨料采石场

由于新鲜灰岩具有较好的强度和变形性能，且便于开采和加工，被公认为最佳的骨料料源；其次为正长岩、玄武岩、花岗岩和砂岩；流纹岩、石英砂岩和石英岩由于硬度较高，虽也可做料源，但加工困难并加大生产成本。有些工程还利用主体工程开挖料作为骨料料源。

人工骨料料源有时在含泥量上超标，须在加工工艺流程中设法解决。如乌江渡工程，因含泥量偏大，并存在黏土结团颗粒，在加工系统中设置了洗衣机，效果良好，含泥量从3%降到 1%以下。

随着大型、高效、耐用的骨料加工机械的发展以及管理水平的提高，人工骨料的成本接近甚至低于天然骨料。采用人工骨料尚有许多天然骨料生产不具备的优点，如级配可按须调整，质量稳定，管理相对集中，受自然因素影响小，有利于均衡生产，减少设备用量，减少堆料场地，同时，尚可利用有效开挖料。因此，采用人工骨料或用机械加工骨料搭配的工程越来越多，在实践中取得了明显的技术经济效果。

第二节 骨料开采与加工

一、骨料的开采与加工

骨料的加工主要是对天然骨料进行筛选分级，人工骨料需要通过破碎、筛分加工等。

（一）天然骨料开采能力的确定

骨料开采量取决于混凝土中各种粒径料的需要量。若第 i 组骨料所需的净料量为 q_i，则要求开采天然骨料的总量 Q 可按下式计算

$$Q_i = (1 + k)\frac{q_i}{P_i} \tag{5-1}$$

式中，k ——骨料生产过程的损失系数，为各生产环节损失系数的总和，则 $k = k_1 + k_2 + k_3 + k_4$；其中 k_1，k_2，k_3，k_4 参见表 5-1；

P_i，——天然骨料中第 i 种骨料粒径含量的百分数。

表 5-1　天然骨料生产过程骨料损失系数表

骨料损失的生产环节		系数	损失系数值		
			砂	小石	大中石
开挖作业	水上	k_1	0.15~0.2	0.02	0.02
	水下		0.3~0.45	0.05	0.03
加工过程		k_2	0.07	0.02	0.01
运输堆料		k_3	0.05	0.03	0.02
混凝土生产		k_4	0.03	0.02	0.02

第 i 种骨料净料需要量 q_i 与第 j 种强度等级混凝土的工程量 V_j 有关，也与该强度等级混凝土中 i 种粒径骨料的单位用量 e_{ij} 有关。于是，第 i 组骨料的净料需要量 q_i 可表达为

$$q_i = (1 + k_c)\sum_j e_{ij}V_j \tag{5-2}$$

式中，k_c ——混凝土出机后运输、浇筑中的损失系数，为 1%~2%。

由于天然级配与混凝土的设计级配难以吻合，总有一些粒径的骨料含量较多，而另一些粒径短缺。若为了满足短缺粒径需要而增大开采量，将导致其余各粒径的弃料增加，造成浪费。此种情况下，可通过调整混凝土骨料设计级配及用人工骨料搭配短缺料等措施，减少骨料开挖总量。

（二）人工骨料开采量确定

如需要开采石料作为人工骨料料源，则石料开采量 V_r，可按下式计算

$$V_r = \frac{(1 + k)eV_0}{\beta\gamma} \tag{5-3}$$

式中，k ——人工骨料损失系数；对碎石，加工损失为 2%~4%，对人工砂，加工损失为 10%~20%；运输储存损失为 3%~6%；

e ——每方混凝土的骨料用量（t/m^3）；

V_0——混凝土的总需用量（m^3）；

β ——块石开采成品获得率，取 80%~95%；

γ ——块石表观密度（t/m^3）。

在采用或部分采用人工骨料方案时，若有有效开挖石料可供利用，则应将利用部分扣除，以确定实际开采石料量。

（三）骨料生产能力的确定

1. 工作制度

骨料加工厂的工作制度可根据工程特点，参照表 5-2 制定。但在骨料加工厂生产不均

衡时以及骨料供应高峰期，每月实际工作日数和实际工作小时数可高于表 5-2 所列数值。具体选定要结合毛料开采、储备和加工厂各生产单元车间调节能力，以及净骨料的运输条件等，综合考虑加班的小时数。

表 5-2 骨料加工厂工作制度

月工作日数/天	日工作班数/h	日有效工作时数	月工作小时数/h
25	2	14	350
25	3	20	500

2. 生产能力的确定

骨料加工厂的生产能力应满足高峰时段的平均月需要量，即

$$Q_d = K_s(Q_e A + Q_0) \tag{5-4}$$

式中，Q_d ——骨料加工厂的月处理能力（t）；

Q_c ——高峰时段的混凝土月平均浇筑强度（m^3）；

Q_0——工程其他骨料的月需要量（t）；

A ——每立方米混凝土的砂石用量（t），一般可取 2.15~2.20t；

K_s ——骨料加工、转运损耗及弃料在内的综合补偿系数，一般可取 1.2~1.3，天然沙石料还应考虑级配不平衡引起的弃料补偿。

骨料加工厂的小时生产能力与作业制度有很大关系，在高峰施工时段，一个月可以工作 25 天以上，一天也可 3 班作业。但为了统计、分析和比较，建议采用规范的计算方法，一般可按每月 25 天每天 2 班 14 h 计算。按高峰月强度计算处理能力时，每天可按 3 班 20 h 计算。

骨料生产累计过程线的斜率就是加工厂的生产强度，斜率最大的时段就是骨料的高峰生产时段。据此，可确定骨料加工的生产能力 p（m^3/h）

$$p = \frac{K_1 V}{K_2 mnT} \tag{5-5}$$

式中，V ——骨料生产高峰期的总产量（m^3）；

T ——骨料生产高峰期的月数；

K_1——高峰时段骨料生产的不均匀系数；

K_2——时间利用系数；

m ——每日有效的工作时数，可取 20 h；

n ——每月有效工作日数，可取 25~28 天。

二、基础处理

对沙砾地基应清除杂物，整平基础面；对于岩基，一般要求清除到质地坚硬的新鲜岩面，然后进行整修。整修是用铁锹等工具去掉表面松软岩石、棱角和反坡，并用高压水进行冲洗，压缩空气吹扫。当有地下水时，要认真处理，否则会影响混凝土的质量。常见的处理方法为：做截水墙拦截渗水，引入集水井一并排出。

对基岩进行必要的固结灌浆，以封堵裂缝、阻止渗水；沿周边打排水孔，导出地下水，在浇筑混凝土时埋管，用水泵排出孔内积水，直至混凝土初凝，7 天后灌浆封孔；将底层砂浆和混凝土的水灰比适当降低。

三、仓面准备

浇筑仓面的准备工作，包括机具设备、劳动组合、材料的准备等，应事先安排就绪；仓面施工的脚手架应检查是否牢固，电源开关、动力线路是否符合安全规定；照明、风水电供应、所需混凝土及工作平台、安全网、安全标志等是否准备就绪。地基或施工缝处理完毕并养护一定时间后，在仓面进行放线，安装模板、钢筋和预埋件。

四、模板、钢筋及预埋件检查

当已浇好的混凝土强度达到 2.5 MPa 后，可进行脚手架架设等作业。开仓浇筑前，必须按照设计图样和施工规范的要求，对以下三方面内容进行检查，签发合格证。

（一）模板检查

主要检查模板的架立位置与尺寸是否准确，模板及其支架是否牢固、稳定，固定模板用的拉条是否发生弯曲等。模板板面要求洁净、密缝并涂刷脱模剂。

（二）钢筋检查

主要检查钢筋的数量、规格、间距、保护层、接头位置及搭接长度是否符合设计要求。要求焊接或绑扎接头必须牢固，安装后的钢筋网骨架应有足够的刚度和稳定性，钢筋表面应清洁。

（三）预埋件检查

主要是对预埋管道、止水片、止浆片等进行检查。主要检查其数量、安装位置和牢固程度。

第三节　混凝土拌制

混凝土拌制，是按照混凝土配合比设计要求，将其各组成材料（沙石、水泥、水、外加剂及掺和料等）拌和成均匀的混凝土料，以满足浇筑的需要。

混凝土制备的过程包括贮料、供料、配料和拌和。其中，配料和拌和是主要生产环节，也是质量控制的关键，要求品种无误、配料准确、拌和充分。

一、混凝土配料

配料是按设计要求，称量每次拌和混凝土的材料用量。配料的精度直接影响混凝土的质量。混凝土配料要求采用重量配料法，即是将沙、石、水泥、掺和料按重量计量，水和外加剂溶液按重量折算成体积计算。施工规范对配料精度（按重量百分比计）的要求是：水泥、掺合料、水、外加剂溶液为±1%，沙石料为±2%。

设计配合比中的加水量根据水灰比计算确定，并以饱和面干状态的沙子为标准。由于水灰比对混凝土强度和耐久性影响极为重大，绝对不能任意变更。施工采用的砂子，其含水量又往往较高，在配料时采用的加水量，应扣除沙子表面含水量及外加剂中的水量。

（一）给料设备

给料是将混凝土各组分从料仓按要求供到称料料斗。给料设备的工作机构常与称量设备相连，当需要给料时，控制电路开通，进行给料。当计量达到要求时，即断电停止给料。常用的给料设备有皮带给料机、电磁振动给料机、叶轮给料机和螺旋给料机。

（二）混凝土称量

混凝土配料称量的设备有简易称量（地磅）、电动磅秤、自动配料杠杆秤、电子秤、配水箱及定量水表。

1. 简易称量

当混凝土拌制量不大，可采用简易称量方式。地磅称量，是将地磅安装在地槽内，用手推车装运材料推到地磅上进行称量。这种方法最简便，但称量速度较慢。台秤称量须配置称料斗、贮料斗等辅助设备。称料斗安装在台秤上，骨料能由贮料斗迅速落入，故称量时间较快，但贮料斗承受骨料的重量大，结构较复杂。贮料斗的进料可采用皮带机、卷扬机等提升设备。

2. 自动配料杠杆秤

自动配料杠杆秤带有配料装置和自动控制装置。自动化水平高，可做沙、石的称量，精度较高。

3. 电子秤

电子秤是通过传感器承受材料重力拉伸，输出电信号在标尺上指出荷重的大小，当指针与预先给定数据的电接触点接通时，即断电停止给料，同时，继电器动作，称料斗斗门打开向集料斗供料，其称量更加准确，精度可达99.5%。

4. 配水箱及定量水表

水和外加剂溶液可用配水箱和定量水表计量。配水箱是搅拌机的附属设备，可利用配水箱的浮球刻度尺控制水或外加剂溶液的投放量。定量水表常用于大型搅拌楼，使用时将指针拨至每盘搅拌用水量刻度上，按电钮即可送水，指针也随进水量回移，至零位时电磁阀即断开停水。此后，指针能自动复位至设定的位置。

称量设备一般要求精度较高，而其所处的环境粉尘较大，因此，应经常检查调整，及时清除粉尘。一般要求每班检查一次称量精度。

二、混凝土拌和

混凝土拌和的方法，有人工拌和机械拌和两种。

（一）人工拌和

人工拌和是在一块钢板上进行，先倒入砂子，后倒入水泥，用铁铲反复干拌至少三遍，直到颜色均匀为止。然后在中间扒一个坑，倒入石子和2/3的定量水，翻拌1遍。再进行翻拌（至少2遍），其余1/3的定量：水随拌随洒，拌至颜色一致，石子全部被砂浆包裹，石子与砂浆没有分离、泌水与不均匀现象为止。人工拌和劳动强度大、混凝土质量不容易保证，拌和时不得任意加水。人工拌和只适宜于施工条件困难、工作量小，强度不高的混凝土施工。

（二）机械拌和

用拌和机拌和混凝土较广泛，能提高拌和质量和生产率。拌和机械有自落式和强制式两种。自落式分为锥形反转出料和锥形倾翻出料两种型式；强制式分为涡桨式、行星式、单卧轴式和双卧轴式。

1. 混凝土搅拌机

（1）自落式混凝土搅拌机

自落式搅拌机是通过筒身旋转，带动搅拌叶片将物料提高，在重力作用下物料自由坠下，反复进行，互相穿插、翻拌、混合使混凝土各组分搅拌均匀的。

锥形反转出料搅拌机是中、小型建筑工程常用的一种搅拌机，其正转搅拌，反转出料。由于搅拌叶片呈正、反向交叉布置，拌和料一方面被提升后靠自落进行搅拌，另一方面又被迫沿轴向做左右窜动，搅拌作用强烈。

锥形反转出料搅拌机，主要由上料装置、搅拌筒、传动机构、配水系统和电气控制系统等组成。当混合料拌好以后，可通过按钮直接改变搅拌筒的旋转方向，拌和料即可经出料叶片排出。

双锥形倾翻出料搅拌机进出料在同一口，出料时由气动倾翻装置使搅拌筒下旋50~60°，即可将物料卸出。双锥形倾翻出料搅拌机卸料迅速，拌筒容积利用系数高，拌和物的提升速度低，物料在拌筒内靠滚动自落而搅拌均匀，能耗低，磨损小，能搅拌大粒径骨料混凝土。主要用于大体积混凝土工程。

（2）强制式混凝土搅拌机

一般筒身固定，搅拌机片旋转，对物料施加剪切、挤压、翻滚、滑动、混合使混凝土各组分搅拌均匀。

立轴强制式搅拌机是在圆盘搅拌筒中装一根回转轴，轴上装的拌和铲和刮板，随轴一同旋转。它用旋转着的叶片，将装在搅拌筒内的物料强行搅拌使之均匀。涡桨强制式搅拌机由动力传动系统、上料和卸料装置、搅拌系统、操纵机构和机架等组成。

单卧轴强制式混凝土搅拌机的搅拌轴上装有两组叶片，两组推料方向相反，使物料既有圆周方向运动，也有轴向运动，因而能形成强烈的物料对流，使混合料能在较短的时间内搅拌均匀。它由搅拌系统、进料系统、卸料系统和供水系统等组成。

此外，还有双卧轴式搅拌机。

2. 混凝土搅拌机使用

在混凝土搅拌机使用时应注意如下操作要点：

①进料时应注意：防止砂、石落入运转机构；进料容量不得超载；进料时避免先倒入水泥，减少水泥黏结搅拌筒内壁。

②运行时应注意：运行声响，如有异常，应立即检查；运行中经常检查紧固件及搅拌叶，防止松动或变形。

③安全方面应注意：上料斗升降区严禁任何人通过或停留。检修或清理该场地时，用链条或锁闩将上料斗扣牢；进料手柄在非工作时或工作人员暂时离开时，必须用保险环扣紧；出料时操作人员应手不离开操作手柄，防止手柄自动回弹伤人（强制式机更要重视）；

上料前，应将出料手柄用安全钩扣牢，方可上料搅拌；停机下班，应将电源拉断，关好开关箱；冬季施工下班，应将水箱、管道内的存水排清。

④停电或机械故障时应注意：对于快硬、早强、高强混凝土应及时将机内拌和物掏净；普通混凝土，在停拌 45 min 内将拌和物掏净；缓凝混凝土，根据缓凝时间，在初凝前将拌和物掏净；掏料时，应将电源拉断，防止突然来电。

此外，还应注意混凝土搅拌机运输安全，安装稳固。

3. 搅拌机生产率计算

拌和机是按照装料、拌和、卸料三个过程循环工作的，每循环工作一次就拌制出一罐新鲜混凝土料，按拌和实方体积（L 或 m^3）确定拌和机的工作容量（又称出料体积）。

拌和机的装料体积，是指每拌和一次，装入拌和桶内各种松散体积之和。

拌和机的出料系数，是出料体积与装料体积之比，约为 0.65~0.7。

单台拌和机的生产率，主要取决于拌和机的工作容量和循环工作一次所需的时间。其计算式为

$$\pi = [3600V_0/(t_1 + t_2 + t_3)]k_t \tag{5-6}$$

式中，π ——单台拌和机生产率，m^3/h；

V_0——拌和机工作容量，m^3；

t_1——装料时间，固定斗装料为 10~15 s，提升斗装料为 15~20 s；

t_3—卸料时间，倾翻卸料为 15~20 s，非倾翻卸料为 30~60 s；

k_t ——时间利用系数，视施工条件而定。

拌和时间 t_2 与拌和机工作容量、坍落度大小及气温有关。

第四节　混凝土运输与施工

一、水平运输设备

通常混凝土的水平运输有有轨运输和无轨运输两种，前者一般用轨距为 762 mm 或 1000 mm 的窄轨机车拖运平台车完成，平台车上除放 3~4 个盛料的混凝土罐外，还应留一放空罐的位置，以得卸料后起吊设备可以放置空罐。

放置在平车上的混凝土盛料容器常用立罐。罐壳为钢制品，装料口大，出料口小，并设弧门控制，用人力或压气启闭。

为了方便卸料，可在罐的底部附设振动器，利用振动作用使塑性混凝土料顺利下落。

立罐多用平台车运输，也有将汽车改装后载运立罐的，这样运输较为机动灵活。

汽车运输有用自卸车直接盛混凝土，运送并卸入与起重机不脱钩的卧罐内，再将卧罐吊运入仓卸料；也有将卧罐直接放在车厢内到拌和楼装料后运至浇筑仓前，再由起重机吊入仓内。

尽管汽车运输比较机动灵活，但成本较高，混凝土容易漏浆和分离，特别是当道路不平整时，其质量难以保证。故通常仅用于建筑物基础部位，分散工程，或机车运输难以达到的部位，作为一种辅助运输方式。

综上可见，大量混凝土的水平运输以有轨机车拖运装载料爆的平板车更普遍。若地形陡峭，拌和楼布置于一岸，则轨路一般按进退式铺设，即列车往返采用进退出入；若运输量较大，则采用双轨，以保证运输畅通无阻；若地形较开阔，可铺设环形线路，效率较高；若拌和楼两岸布置，采用穿梭式轨路，则运输效率更高。有轨运输，当运距 1~1.5 km，列车正常循环时间约 1 h，包括料罐脱钩、挂钩、吊运、卸料、空回多次往复时间。视运距长短，每台起重机可配置 2~4 辆列车。铁路应经常检查维修，保持行驶平稳、安全，有利于减轻运送混凝土的泌水和分离。

二、垂直运输设备

（一）门式起重机

门式起重机又称门机，它的机身下部有一门架，可供运输车辆通行，这样便可使起重机和运输车辆在同一高程上行驶。它运行灵活，操纵方便，可起吊物料作径向和环向移动，定位准确，工作效率较高。门机的起重臂可上扬收拢，便于在较拥挤狭窄的工作面上与相邻门机共浇一仓，有利于提高浇筑速度。国内常用的 10/20 t 门机，最大起重幅度 40/20 m，轨上起重高度 30 m，轨下下放深度 35 m。为了增大起重机的工作空间，国内新产 20/60 t 和 10/30 t 的高架门机，其轨上高度可达 70 m，既有利于高坝施工，减少栈桥层次和高度，也适宜于中、低坝降低或取消起重机行驶的工作栈桥。

（二）塔式起重机

塔式起重机又称塔机或塔吊。为了增加起吊高度，可在移动的门架上加设高达数十米的钢塔。其起重臂可铰接于钢塔顶，能仰俯，也有臂固定，由起重小车在臂的轨道上行驶，完成水平运动，以改变其起重幅度。塔机的工作空间比门机大，由于机身高，其稳定灵活性较门机差。在行驶轮旁设有夹具，工作时夹具夹住钢轨保持稳定。当有 6 级以上大风时，必须停止行驶工作。因塔顶是借助钢丝绳的索引旋转，所以，它只能向一个方向旋转 180°或 360°后再反向旋转，而门机可随意旋转，故相邻塔机运行的安全距离要求较严。

对 10/25 t 塔机而言，起重机相向运行，相邻的中心距不小于 85～87 m；当起重臂与平衡重相向时，不小于 58～62 m；当平衡重相向时，不小于 34 m。若分高程布置塔机，则可使相近塔机在近距离同时运行。由于塔机运行的灵活性较门机差，其起重能力、生产率都较门机低。

为了扩大工作范围，门机和塔机多安设在栈桥上。栈桥桥墩可以是与坝体结合的钢筋混凝土结构，也可以是下部为与坝体结合的钢筋混凝土，上部是可拆除回收的钢架结构。桥面结构多用工具式钢架，跨度 20～40 m，上铺枕木、轨道和桥面板。桥面中部为运输轨道，两侧为起重机轨道。

（三）缆式起重机

平移式缆索起重机有首尾两个可移动的钢塔架。在首尾塔架顶部凌空架设承重缆索。行驶于承重索上的起重小车靠牵引索牵引移动，另用起重索起吊重物。机房和操纵室均设在首塔内，用工业电视监控操纵。尾塔固定，首塔沿弧形轨道移动者，称为辐射式缆机；两端固定者，称为固定式缆机，俗称“走线”。

固定式缆机工作控制面积为一矩形；辐射式缆机控制面积为一扇形。固定式缆机运行灵活，控制面积大，但设备投资、基建工程量、能源消耗和运行费用都大于后者。辐射式缆机的优缺点恰好与之相反。

缆机的起重量通常为 10～20 t，最高达 50 t。其跨度和塔架高度视建筑物的外形尺寸和缆机所在位置的地形情况经专门设计而定。经确定塔架高度 H，就应选确定塔顶控制高程 H。

塔架高度 H_t 的计算公式为

$$H_t = H - H_n \tag{5-7}$$

塔顶控制高程 H 的计算公式为

$$H = H_0 + \Delta + a + f \tag{5-8}$$

式中，H_0——缆机浇筑部位的最大高程，m；

Δ——吊物最低安全裕度，不小于 1m；

a——吊罐底至承重索的最小距离，可取 6～10 m；

f———满载时承重索的垂度，一般取跨度 L 的 5%；

H_n——轨道顶面高程，m。

缆机质量要求最高的部件是承受载重小车移动的承重索，它要求用光滑、耐磨、抗拉强度很高的高强钢丝制成，价格高昂，其制造工艺仅为世界少数国家掌握。缆机的跨度一般为 600～1000 m，跨度太大不仅垂度大，且承重索和塔架承受的拉力过大。缆机起重小车的行驶速度可达 360～670 m/min，起重提升速度一般为 100～290 m/min。通常，缆机吊运混凝土每小时 8~12 罐。20 t 缆机月浇筑强度可达 5 万~8 万 m^3/月。为提高其生产率，当今多采用高速缆机，仓面无线控制操作，定位准确，卸料迅速。为缩短吊运循环时间，尽可能将混凝土拌和楼布置靠近缆机，以便料罐不脱钩，直接从拌和楼接料；如拌和楼不在缆机控制范围内，可采用特制的运料小车，向不脱钩的料罐供料。运料小车从拌和楼接混凝土料后，由机车施运至缆机控制范围内，对准不脱钩的料罐，将混凝土经倾斜滑槽卸入料罐。这样就省去了装料的脱钩和挂钩时间。

（四）履带式起重机

将履带式挖掘机的工作机构改装，即成为履带式起重机。若将 3 m^3 挖掘机改装，当起重 20 t，起重幅度 18 m 时，相应起吊高度 23 m；当要求起重幅度达 28 m 时，起重高度 13 m，相应起重量为 12 t。这种起重机起吊高度不大，但机动灵活，常与自卸汽车配合浇筑混凝土墩、墙或基础、护坦、护坡等。

（五）塔带机

早在 20 世纪 20 年代，塔带机就曾用于混凝土运输，由于用塔带机输送，混凝土易产生分离和砂浆损失，因而影响了它的推广应用。

近些年来，国外一些厂商研制开发了各种专用的混凝土塔带机，从以下三方面来满足运输混凝土的要求：

①提高整机和零部件的可靠性。

②力求设备轻型化，整套设备组装方便、移动灵活、适应性强。

③配置保证混凝土质量的专用设备。

塔带机是集水平运输和垂直运输于一身，将塔机和皮带运输机有机结合的专用皮带机，要求混凝土拌和、水平供料、垂直运输及仓面作业一条龙配套，以提高效率。塔带机布置在坝内，要求大坝坝基开挖完成后快速进行塔带机系统的安装、调试和运行，使其尽早投入正常生产。输送系统直接从拌和厂受料，拌和机兼做给料机，全线自动连续作业。机身可沿立柱自升，施工中无须搬迁，不必修建多层、多条上坝公路，汽车可不出仓面。在简化施工设施、节省运输费用、提高浇筑速度、保证仓面清洁等方面，充分反映了这种浇筑方式的优越性。

塔带机一般为固定式，专用皮带机也有移动式的，移动式又有轮胎式和履带式两种，以轮胎式应用较广，最大皮带长度为 32~61 m，以 CC200 型胎带机为目前最大规格，布料幅度达 61 m，浇筑范围 50~60 m，一般较大的浇筑块可用一台胎带机控制整个浇筑仓面。

塔带机是一种新型混凝土浇筑运输设备，它具有连续浇筑、生产率高、运行灵活等明显优势。随着胶带机运输浇筑系统的不断完善，在未来大坝混凝土施工中将会获得更加广泛的应用。

（六）混凝土泵

混凝土泵可进行水平运输和垂直运输，能将混凝土输送到难以浇筑的部位，运输过程中混凝土拌和物受到周围环境因素的影响较小，运输浇筑的辅助设施及劳力消耗较少，是具有相当优越性的运输浇筑设备。然而，由于它对于混凝土坍落度和最大骨料粒径有比较严格的要求，限制了它在大坝施工中的应用。

三、混凝土施工准备

混凝土施工准备工作的主要项目有基础处理、施工缝处理、设置卸料入仓的辅助设备、模板、钢筋的架设、预埋件及观测设备的埋设、施工人员的组织、浇筑设备及其辅助设施的布置、浇筑前的检查验收等。

（一）基础处理

土基应先将开挖基础时预留下来的保护层挖除，并清除杂物，然后用碎石垫底，盖上湿砂，再进行压实，浇 8~12 cm 厚素混凝土垫层。砂砾地基应清除杂物，整平基础面，并浇筑 10~20 cm 厚素混凝土垫层。

对于岩基，一般要求清除到质地坚硬的新鲜岩面，然后进行整修。整修是用铁撬等工具去掉表面松软岩石、棱角和反坡，并用高压水冲洗，压缩空气吹扫。若岩面上有油污、灰浆及其黏结的杂物，还应采用钢丝刷反复刷洗，直至岩面清洁为止。清洗后的岩基在混凝土浇筑前应保持洁净和湿润。

（二）施工缝处理

施工缝是指浇筑块之间新老混凝土之间的结合面。为了保证建筑物的整体性，在新混凝土浇筑前，必须将老混凝土表面的水泥膜（又称乳皮）清除干净，并使其表面新鲜整洁、有石子半露的麻面，以利于新老混凝土的紧密结合。

施工缝的处理方法有以下几种：

1. 风砂枪喷毛

将经过筛选的粗砂和水装入密封的砂箱，并通入压缩空气。高压空气混合水沙，经喷枪喷出，把混凝土表面喷毛。一般在混凝土浇后 24~48 h 开始喷毛，视气温和混凝土强度增长情况而定。如能在混凝土表层喷洒缓凝剂，则可减少喷毛的难度。

2. 高压水冲毛

在混凝土凝结后但尚未完全硬化以前，用高压水（压力 0.1~0.25 MPa）冲刷混凝土表面，形成毛面，对龄期稍长的可用压力更高的水（压力 0.4~0.6 MPa），有时配以钢丝刷刷毛。高压水冲毛关键是掌握冲毛时机，过早会使混凝土表面松散和冲去表面混凝土；过迟则混凝土变硬，不仅增加工作困难，而且不能保证质量。一般春秋季节，在浇筑完毕后 10~16 h 开始；夏季掌握在 6~10 h；冬季则在 18~24 h 后进行。如在新浇混凝土表面洒刷缓凝剂，则延长冲毛时间。

3. 刷毛机刷毛

在大而平坦的仓面上，可用刷毛机刷毛，它装有旋转的粗钢丝刷和吸收浮渣的装置，利用粗钢丝刷的旋转刷毛并利用吸渣装置吸收浮渣。

喷毛、冲毛和刷毛适用于尚未完全凝固混凝土水平缝面的处理。全部处理完后，须用高压水清洗干净，要求缝面无尘无渣，然后再盖上麻袋或草袋进行养护。

4. 风镐凿毛或人工凿毛

已经凝固混凝土利用风镐凿毛或石工工具凿毛，凿深约 1~2 cm，然后用压力水冲净。凿毛多用于垂直缝。

仓面清扫应在即将浇筑前进行，以清除施工缝上的垃圾、浮渣和灰尘，并用压力水冲洗干净。

（三）仓面准备

浇筑仓面的准备工作，包括机具设备、劳动组合、照明、风水电供应、所需混凝土原材料的准备等，应事先安排就绪，仓面施工的脚手架、工作平台、安全网、安全标志等应检查是否牢固，电源开关、动力线路是否符合安全规定。

（四）模板、钢筋及预埋件检查

开仓浇筑前，必须按照设计图纸和施工规范的要求，对仓面安设的模板、钢筋及预埋件进行全面检查验收，签发合格证。

1. 模板检查

主要检查模板的架立位置与尺寸是否准确，模板及其支架是否牢固稳定，固定模板用的拉条是否弯曲等。模板板面要求洁净、密缝并涂刷脱模剂。

2. 钢筋检查

主要检查钢筋的数量、规格、间距、保护层、接头位置与搭接长度是否符合设计要求。要求焊接或绑扎接头必须牢固，安装后的钢筋网应有足够的刚度和稳定性，钢筋表面应清洁。

3. 预埋件检查

对预埋管道、止水片、止浆片、预埋铁件、冷却水管和预埋观测仪器等，主要检查其数量、安装位置和牢固程度。

四、混凝土入仓方式

（一）自卸汽车转溜槽、溜筒入仓

自卸汽车转溜槽、溜筒入仓适用于狭窄、深坑混凝土回填。斜溜槽的坡度一般在1∶1左右。混凝土的坍落度一般为6 cm左右。溜筒长度一般不超过15 m，混凝土自由下落高度不大于2 m。每道溜槽控制的浇筑宽度5~6 m。这种入仓方式准备工作量大，需要和易性好的混凝土，以便仓内操作，所以这种混凝土入仓方式多在特殊情况下使用。

（二）自卸汽车在栈桥上卸料入仓

浇筑仓内架设栈桥，汽车在栈桥上将混凝土料卸入仓内。常用在起重机起吊范围以外、面积不大、结构简单的基础部位。当汽车无法直通栈桥时，可经过一次倒运再由汽车上栈桥卸料。

汽车栈桥布置应根据每个浇筑块的面积、形状、结构情况和混凝土标号以及通往浇筑块的运输路线等条件来确定栈桥位置、数量及其方向。每条栈桥控制浇筑宽度为6~8 m，若宽度太大，则平仓困难，且易造成骨料分离和仓内不平整，影响质量。仓外必须有汽车回车场地，使汽车能顺利上桥。

由于汽车栈桥准备工作最大，成本较高，质量控制困难，因此，在一般情况下不宜采用这种入仓方式。

（三）吊罐入仓

使用起重机械吊运混凝土罐入仓是目前普遍采用的入仓方式，其优点是入仓速度快，使用方便灵活，准备工作量少，混凝土质量易保证。

（四）汽车直接入仓

自卸汽车开进仓内卸料，它具有设备简单、工效高、施工费用较低等优点。在混凝土起吊运输设备不足，或施工初期尚未具备安装起重机条件的情况下，可使用这种方法。这种方法适用于浇筑铺盖、护坦、海漫和闸底板以及大坝、厂房的基础等部位的混凝土。常用的方式有端进法和端退法。

1. **端进法**

当基础凹凸起伏较大或有钢筋的部位，汽车无法在浇筑仓面上通过时采用此法。

开始浇筑时汽车不进入仓内，当浇筑至预定的厚度时，在新浇的混凝土面上铺厚 6～8 mm 的钢垫板，汽车在其上驶入仓内卸料浇筑。浇筑层厚度不超过 1.5 m。

2. **端退法**

汽车倒退驶入仓内卸料浇筑。立模时预留汽车进出通道，待收仓时再封闭。浇筑层厚度 1 m 以下为宜。汽车轮胎应在进仓前冲洗干净，仓内水平施工缝面应保持洁净。

汽车直接入仓浇筑混凝土的特点：

①工序简单，准备工作量少，不要搭设栈桥，使用劳力较少，工效较高。

②适用于面积大、结构简单、较低部位的无筋或少筋仓面浇筑。

③由于汽车装载混凝土经较长距离运输且卸料速度较快，砂浆与骨料容易分离，因此，汽车卸料落差不宜超过 2 m。平仓振捣能力和入仓速度要适应。

五、混凝土浇筑方式确定

（一）混凝土坝分缝分块原则

混凝土坝施工，由于受到温度应力与混凝土浇筑能力的限制，不可能使整个坝段连续不断地一次浇筑完毕。因此，需要用垂直于坝轴线的横缝和平行于坝轴线的纵缝以及水平缝，将坝体划分为许多浇筑块进行浇筑。

①根据结构特点、形状及应力情况进行分层分块，避免在应力集中、结构薄弱部位分缝。

②采用错缝分块时，必须采取措施防止竖直施工缝张开后向上、向下继续延伸。

③分层厚度应根据结构特点和温度控制要求确定。基础约束区一般为 1～2 m，约束区以上可适当加厚；墩墙侧面可散热，分层也可厚些。

④应根据混凝土的浇筑能力和温度控制要求确定分块面积的大小。块体的长宽比不宜过大，一般以小于 2.5∶1 为宜。

⑤分层分块均应考虑施工方便。

（二）混凝土坝的分缝分块形式

混凝土坝的浇筑块是用垂直于坝轴线的横缝和平行于坝轴线的纵缝以及水平缝划分的。分缝方式有垂直纵缝法、错缝法、斜缝法、通仓浇筑法等。

1. 纵缝法

用垂直纵缝把坝段分成独立的柱状体，因此又叫柱状分块。它的优点是温度控制容易，混凝土浇筑工艺较简单，各柱状块可分别上升，彼此干扰小，施工安排灵活，但为保证坝体的整体性，必须进行接缝灌浆；模板工作量大，施工复杂。纵缝间距一般为 20～40 m，以便降温后接缝有一定的张开度，便于接缝灌浆。

为了传递剪应力的需要，在纵缝面上设置键槽，并需要在坝体到达稳定温度后进行接缝灌浆，以增加其传递剪应力的能力，提高坝体的整体性和刚度。

2. 错缝分块法

错缝法又称砌砖法。分块时将块间纵缝错开，互不贯通，故坝的整体性好，进行纵缝灌浆。但由于浇筑块互相搭接，施工干扰很大，施工进度较慢，同时，在纵缝上、下端因应力集中容易开裂。

3. 斜缝法

斜缝一般沿平行于坝体第二主应力方向设置，缝面剪应力很小，只要设置缝面键槽不必进行接缝灌浆，斜缝法往往是为了便于坝内埋管的安装，或利用斜缝形成临时挡洪面采用的。但斜缝法施工干扰大，斜缝顶并缝处容易产生应力集中，斜缝前后浇筑块的高差和温差须严格控制，否则会产生很大的温度应力。

4. 通缝法

通缝法即通仓浇筑法，它不设纵缝，混凝土浇筑按整个坝段分层进行；一般不需要埋设冷却水管。同时，由于浇筑仓面大，便于大规模机械化施工，简化了施工程序，特别是大大减少模板工作量，施工速度快。但因其浇筑块长度大，容易产生温度裂缝，所以，温度控制要求比较严格。

第五节　混凝土特殊季节施工

一、混凝土冬季施工

（一）混凝土冬季施工的一般要求

现行施工规范规定：寒冷地区的日平均气温稳定在 5 ℃以下或最低气温稳定在 3 ℃以下时，温和地区的日平均气温稳定在 3 ℃以下时，均属于低温季节，这就需要采取相应的防寒保温措施，避免混凝土受到冻害。

混凝土在低温条件下，水化凝固速度大为降低，强度增长受到阻碍。当气温在 -2 ℃时，混凝土内部水分结冰，不仅水化作用完全停止，而且结冰后由于水的体积膨胀，使混凝土结构受到损害，当冰融化后，水化作用虽将恢复，混凝土强度也可继续增长，但最终强度必然降低。试验资料表明：混凝土受冻越早，最终强度降低越大。如在浇筑后 3~6 h 受冻，最终强度至少降低 50%以上；如在浇筑后 2~3 d 受冻，最终强度降低只有 15%~20%。如混凝土强度达到设计强度的 50%以上（在常温下养护 3~5 d）时再受冻，最终强度则降低极小，甚至不受影响，因此，低温季节混凝土施工，首先要防止混凝土早期受冻。

（二）冬季施工措施

低温季节混凝土施工可以采用人工加热、保温蓄热及加速凝固等措施，使混凝土入仓浇筑温度不低于 5 ℃；同时，保证混凝土浇筑后的正温养护条件，在未达到允许受冻临界强度以前不遭受冻结。

1. 调整配合比和掺外加剂

①对非大体积混凝土，采用发热量较高的快凝水泥。

②提高混凝土的配制强度。

③掺早强剂或早强型减水剂。其中氯盐的掺量应按有关规定严格控制，并不适应于钢筋混凝土结构。

④采用较低的水灰比。

⑤掺加气剂可减缓混凝土冻结时在其内部水结冰时产生的静水压力，从而提高混凝土的早期抗冻性能。但含气量应限制在 3%~5%。因为，混凝土中含气量每增加 1%，会使强度损失 5%，为弥补由于加气剂招致的强度损失，最好与减水剂并用。

2. 原材料加热法

当日平均气温为-2~-5 ℃时，应加热水拌和；当气温再低时，可考虑加热骨料。水泥不能加热，但应保持正温。

水的加热温度不能超过 80 ℃，并且要先将水和骨料拌和后，这时水不超过 60 ℃，以免水泥产生假凝。所谓假凝是指拌和水温超过 60 ℃时，水泥颗粒表面将会形成一层薄的硬壳，使混凝土和易性变差，而后期强度降低的现象。

砂石加热的最高温度不能超过 100 ℃，平均温度不宜超过 65 ℃，并力求加热均匀。对大中型工程，常用蒸气直接加热骨料，即直接将蒸汽通过需要加热的沙、石料堆中，料堆表面用帆布盖好，防止热量损失。

3. 蓄热法

蓄热法是将浇筑好的混凝土在养护期间用保温材料加以覆盖，尽可能把混凝土在浇筑时所包含的热量和凝固过程中产生的水化热蓄积起来，以延缓混凝土的冷却速度，使混凝土在达到抗冰冻强度以前，始终保持正温。

4. 加热养护法

当采用蓄热法不能满足要求时可以采用加热养护法，即利用外部热源对混凝土加热养护，包括暖棚法、蒸汽加热法和电热法等。大体积混凝土多采用暖棚法，蒸汽加热法多用于混凝土预制构件的养护。

（1）暖棚法

即在混凝土结构周围用保温材料搭成暖棚，在棚内安设热风机、蒸汽排管、电炉或火炉进行采暖，使棚内温度保持在 15~20 ℃以上，保证混凝土浇筑和养护处于正温条件下。暖棚法费用较高，但暖棚为混凝土硬化和施工人员的工作创造了良好的条件。此法适用于寒冷地区的混凝土施工。

（2）蒸汽加热法

利用蒸汽加热养护混凝土，不仅使新浇混凝土得到较高的温度，而且还可以得到足够的湿度，促进水化凝固作用，使混凝土强度迅速增长。

（3）电热法

是用钢筋或薄铁片作为电极，插入混凝土内部或贴附于混凝土表面，利用新浇混凝土的导电性和电阻大的特点，通过 5~100 V 的低压电，直接对混凝土加热，使其尽快达到抗冻强度。由于耗电量大，大体积混凝土较少采用。

上述几种施工措施，在严寒地区往往是同时采用，并要求在拌和、运输、浇筑过程中，尽量减少热量损失。

（三）冬季施工注意事项

（1）沙石骨料宜在进入低温季节前筛洗完毕。成品料堆应有足够的储备和堆高，并进行覆盖，以防冰雪和冻结。

（2）拌和混凝土前，应用热水或蒸汽冲洗搅拌机，并将水或冰排除。

（3）混凝土的拌和时间应比常温季节适当延长。延长时间应通过试验确定。

（4）在岩石地基或老混凝土面上浇筑混凝土前，应检查其温度。如为负温，应将其加热成正温。加热深度不小于 10 cm，并经验证合格方可浇筑混凝土。仓面清理宜采用喷洒温水配合热风枪，寒冷期间亦可采用蒸汽枪，不宜采用水枪或风水枪。在软基上浇筑第一层混凝土时，必须防止与地基接触的混凝土遭受冻害和地基受冻变形。

（5）混凝土搅拌机应设在搅拌棚内并设有采暖设备，棚内温度应高于 5 ℃。混凝土运输容器应有保温装置。

（6）浇筑混凝土前和浇筑过程中，应注意清除钢筋、模板和浇筑设施上附着的冰雪和冻块，严禁将雪冻块带入仓内。

(7) 在低温季节施工的模板，一般在整个低温期间都不宜拆除。如果需要拆除，要求：

①混凝土强度必须大于允许受冻的临界强度。

②具体拆模时间，应满足温控防裂要求，当预计拆模后混凝土表面降温可能超过 6~9 ℃ 时，应推迟拆模时间，如必须拆模时，应在拆模后采取保护措施。

(8) 低温季节施工期间，应特别注意温度检查。

二、混凝土夏季施工

在混凝土凝结过程中，水泥水化作用进行的速度与环境温度成正比。当温度超过 32 ℃ 时，水泥的水化作用加剧，混凝土内部温度急剧上升，等到混凝土冷却收缩时，混凝土就可能产生裂缝。前后的温差越大，裂缝产生的可能性就越大。对于大体积混凝土施工时，夏季降温措施尤为重要。

为了降低夏季混凝土施工时的温度，可以采取以下一些措施：

①采用发热最低的水泥，并加掺和料和减水剂，以减低水泥用量。

②采用地下水或人造冰水拌制混凝土，或直接在拌和水中加入碎冰块以代替一部分水，但要保证碎冰块能在拌和过程中全部融化。

③用冷水或冷风预冷骨料。

④在拌和站、运输道路和浇筑仓面上搭设凉棚，遮阳防晒，对运输工具可用湿麻袋覆盖，也可在仓面不断喷雾降温。

⑤加强洒水养护，延长养护时间。

⑥气温过高时，浇筑工作可安排在夜间进行。

第六节 混凝土质量评定标准

普通混凝土施工分为基础面、施工缝处理，模板制作及安装，钢筋制作及安装，预埋件制作及安装，混凝土浇筑，外观质量检查六个工序。

一、基础面、施工缝处理

基础面、施工缝处理包括基础面及施工缝两个工序。

（一）基础面

1. 项目分类

（1）主控项目

基础面施工工序主控项目有基础面、地表水和地下水、施工缝。

（2）一般项目

基础面施工工序一般项目有岩面清理。

2. 检查方法及数量

（1）主控项目

①基础面（岩基）：观察、查阅设计图样或地质报告，进行全仓检查。

②基础面（软基）：观察、查阅测量断面图及设计图样，进行全仓检查。

③地表水和地下水：观察，进行全仓检查。

（2）一般项目

岩面清理：观察，进行全仓检查。

3. 质量验收评定标准

①基础面（岩基）：符合设计要求。基础面（软基）：预留保护层已挖除。

②地表水和地下水。妥善引排或封堵。

③岩面清理。符合设计要求，清洗洁净，无积水，无积渣杂物。

（二）施工缝

1. 项目分类

（1）主控项目

施工缝施工工序主控项目有施工缝的留置位置、施工缝面凿毛。

（2）一般项目

施工缝施工工序一般项目有缝面清理。

2. 检查方法及数量

通过观察，进行全数检查。

3. 质量验收评定标准

①施工缝的留置位置。符合设计或有关施工规范规定。

②施工缝面凿毛。基面无乳皮、成毛面、微露粗沙。

③缝面清理。符合设计要求；清洗洁净，无积水、无积渣杂物。

二、模板制作及安装

（一）项目分类

1. **主控项目**

模板制作及安装施工工序主控项目有稳定性、刚度和强度，承重模板底面高程，排架、梁板、柱、墙，结构物边线与设计边线，预留孔、洞尺寸及位置。

2. **一般项目**

模板制作及安装施工工序一般项目有模板平整度、相邻两板面错台，局部平整度，板面缝隙，结构物水平断面内部尺寸，脱模剂涂刷，模板外观。

（二）检查方法及数量

（1）稳定性、刚度和强度。对照设计图样进行全部检查。

（2）承重模板底面高程。仪器测量，模板面积在 100 m^2 以内，不少于 10 点；每增加 100 m^2，增加检查点数不少于 10 点。

（3）排架、梁板、柱、墙。

①结构断面尺寸：钢尺测量，模板面积在 100 m^2 以内，不少于 10 点；每增加 100 m^2，增加检查点数不少于 10 点。

②轴线位置偏差：仪器测量，模板面积在 100 m^2 以内，不少于 10 点；每增加 100 m^2，增加检查点数不少于 10 点。

③垂直度：2 m 靠尺量测或仪器测量，模板面积在 100 m^2 以内，不少于 10 点；每增加 100 m^2，增加检查点数不少于 10 点。

（4）结构物边线与设计边线。钢尺测量，模板面积在 100 m^2 以内，不少于 10 点；每增加 100 m^2，增加检查点数不少于 10 点。

（5）预留孔、洞尺寸及位置。测量、查看图样，模板面积在 100 m^2 以内，不少于 10 点；每增加 100 m^2，增加检查点数不少于 10 点。

（6）模板平整度、相邻两板面错台。2 m 靠尺量测或拉线检查，模板面积在 100 m^2 以内，不少于 10 点；每增加 100 m^2，增加检查点数不少于 10 点。

（7）局部平整度。按水平线（或垂直线）布置检测点，2 m 靠尺量测，模板面积在 100 m^2 以上，不少于 20 点；每增加 100 m^2，增加检查点数不少于 10 点。

（8）板面缝隙。量测 100 m^2 以上，检查 3~5 点；100 m^2 以内，检查 1~3 点。

（9）结构物水平断面内部尺寸。测量，100 m^2 以上，不少于 10 点；100 m^2 以内，不少于5点。

(10) 脱模剂涂刷。查阅产品质检证明，进行全面检查。

(11) 模板外观。观察，全面检查。

3. 质量验收评定标准

(1) 稳定性、刚度和强度。满足混凝土施工荷载要求，符合模板设计要求。

(2) 承重模板底面高程。允许偏差±5 mm。

(3) 排架、梁板、柱、墙。

①结构断面尺寸：允许偏差±10 mm。

②轴线位置偏差：允许偏差±10 mm。

③垂直度：允许偏差±5 mm。

(4) 结构物边线与设计边线。

①外露表面：内模板：允许偏差−10~0 mm；外模板：允许偏差0~10 mm。

②隐蔽内面：允许偏差15 mm。

(5) 预留孔、洞尺寸及位置。

①孔、洞尺寸：允许偏差±10 mm。

②孔、洞位置：允许偏差±10 mm。

(6) 模板平整度、相邻两板面错台。

①外露表面：钢模：允许偏差2 mm；木模：允许偏差3 mm。

②隐蔽内面：允许偏差5 mm。

(7) 局部平整度。

①外露表面：钢模：允许偏差3 mm；木模：允许偏差5 mm。

②隐蔽内面：允许偏差10 mm。

(8) 板面缝隙。

①外露表面：钢模：允许偏差1 mm；木模：允许偏差2 mm。

②隐蔽内面：允许偏差2 mm。

(9) 结构物水平断面内部尺寸。允许偏差±20 mm。

(10) 脱模剂涂刷。产品质量符合标准要求，涂刷均匀，无明显色差。

(11) 模板外观。表面光洁、无污物。

三、钢筋制作及安装

钢筋制作及安装包括钢筋制作与安装及钢筋连接两个施工工序。

（一）钢筋制作与安装

1. 项目分类

（1）主控项目

钢筋制作与安装施工工序主控项目有钢筋的数量、规格尺寸、安装位置，钢筋接头的力学性能，焊接接头和焊缝外观，钢筋连接，钢筋间距、保护层。

（2）一般项目

钢筋制作与安装施工工序一般项目有钢筋长度方向，同一排受力钢筋间距，双排钢筋的排与排间距，梁与柱中箍筋间距，保护层厚度。

2. 检查方法及数量

（1）主控项目

①钢筋的数量、规格尺寸、安装位置：对照设计文件，进行全数检查。

②钢筋接头的力学性能：对照仓号在结构上取样测试，焊接 200 个接头检查 1 组，机械连接 500 个接头检查 1 组。

③焊接接头和焊缝外观：观察并记录，不少于 10 点。

④钢筋连接：参照钢筋连接施工质量标准。

⑤钢筋间距、保护层：观察、量测，不少于 10 点。

（2）一般项目。

①钢筋长度方向：观察、量测，不少于 5 点。

②同一排受力钢筋间距：观察、量测，不少于 5 点。

③双排钢筋的排与排间距：观察、量测，不少于 5 点。

④梁与柱中箍筋间距：观察、量测，不少于 10 点。

⑤保护层厚度：观察、量测，不少于 5 点。

3. 质量验收评定标准

（1）钢筋的数量、规格尺寸、安装位置。符合质量标准和设计的要求。

（2）钢筋接头的力学性能。符合规范要求和国家及行业有关规定。

（3）焊接接头和焊缝外观。不允许有裂缝、脱焊点、漏焊点，表面平顺，没有明显的咬边、凹陷气孔等。

（4）钢筋连接。参照钢筋连接施工质量标准。

（5）钢筋间距、保护层。符合质量标准和设计的要求。

（6）钢筋长度方向。局部偏差±1/2 净保护层厚。

（7）同一排受力钢筋间距。

①排架、柱、梁：允许偏差±0.5 d。

②板、墙：允许偏差±0.1 倍间距。

（8）双排钢筋的排与排间距。允许偏差±0.1 倍排距。

（9）梁与柱中箍筋间距。允许偏差±0.1 倍箍筋间距。

（10）保护层厚度。局部偏差±1/4 净保护层厚。

（二）钢筋连接

1. 项目分类

钢筋连接施工工序检验项目有点焊及电弧焊、对焊及熔槽焊、绑扎连接、机械连接。

2. 检查方法及数量

（1）点焊及电弧焊

观察、量测，每项不少于 10 点。

（2）对焊及熔槽焊

观察、量测，每项不少于 10 点。

（3）绑扎连接

①缺扣、松扣：观察、信测，每项不少于 10 点。

②弯钩朝向正确：观察、量测，每项不少于 10 点。

③搭接长度：量测，每项不少于 10 点。

（4）机械连接

观察、量测，每项不少于 10 点。

3. 质量验收评定标准

（1）点焊及电弧焊

①帮条对焊接头中心：纵向偏移差不大于 0.5 d。

②接头处钢筋轴线的曲折：≤4°。

③焊缝：长度：允许偏差-0.05 d；高度：允许偏差-0.05 d；表面气孔夹渣：在 2 d 长度上数量不多于 2 个；气孔、夹渣的直径不大于 3 mm。

（2）对焊及熔槽焊

①焊接接头根部未焊透深度。φ25～40 mm 钢筋；≤0.15 d；φ40～70 mm 钢筋；≤0.10 d。

②接头处钢筋中心线的位移：0.10 d 且不大于 2 mm。

③焊缝表面（长为 2 d）和焊缝截面上蜂窝、气孔、非金属杂质：不大于 1.5 d。

（3）绑扎连接

①缺扣、松扣：≤20%且不集中。

②弯钩朝向正确：符合设计图样。

③搭接长度：允许偏差-0.05 设计值。

（4）机械连接

①带肋钢筋冷挤压连接接头。

a. 压痕处套筒外形尺寸：挤压后套筒长度应为原套筒长度的 1.10～1.15 倍，或压痕处套筒的外径波动范围为原套筒外径的 0.8～0.9 倍。

b. 挤压道次：符合型式检验结果。

c. 接头弯折：≤4°。

d. 裂缝检查：挤压后肉眼观察无裂缝。

②直（锥）螺纹连接接头。

a. 丝头外观质量：保护良好，无锈蚀和油污，牙型饱满光滑。

b. 套头外观质量：无裂纹或其他肉眼可见缺陷。

c. 外露丝扣：无 1 扣以上完整丝扣外露。

d. 螺纹匹配：丝螺纹与套筒螺纹满足连接要求，螺纹结合紧密，无明显松动，相应处理方法得当。

四、混凝土浇筑

（一）项目分类

1. 主控项目

混凝土浇筑施工工序主控项目有入仓混凝土料、平仓分层、混凝土振捣、铺筑间歇时间、浇筑温度（指有温控要求的混凝土）、混凝土养护。

2. 一般项目

混凝土浇筑施工工序一般项目有砂浆铺筑、积水和泌水、插筋、管路等埋设件以及模板的保护、混凝土表面保护、脱模。

（二）检查方法及数量

（1）入仓混凝土料：观察，不少于入仓总次数的 50%。

（2）平仓分层：观察、量测，进行全部检验。

（3）混凝土振捣：在混凝土浇筑过程中进行全部检查。

（4）铺筑间歇时间：在混凝土浇筑过程中进行全部检查。

（5）浇筑温度（指有温控要求的混凝土）：温度计测量。

（6）混凝土养护：观察，进行全部检验。

（7）砂浆铺筑：观察，进行全部检验。

（8）积水和泌水：观察，进行全部检验。

（9）插筋、管路等埋设件以及模板的保护：观察、量测，进行全部检验。

（10）混凝土表面保护：观察，进行全部检验。

（11）脱模：观察或查阅施工记录，不少于脱模总次数的30%。

（三）质量验收评定标准

（1）入仓混凝土料。无不合格料入仓，如有少量不合格入仓，应及时处理至达到要求。

（2）平仓分层。厚度不大于振捣棒有效长度的90%，铺设均匀，分层清楚，无骨料集中现象。

（3）混凝土振捣。振捣器垂直插入下层5 cm，有次序，无漏振、无超振。

（4）铺筑间歇时间。符合设计要求，无初凝现象。

（5）浇筑温度（指有温控要求的混凝土）。满足设计要求。

（6）混凝土养护。表面保持湿润，连续养护时间基本满足设计要求。

（7）砂浆铺筑。厚度不大于3 cm，均匀平整，无漏铺。

（8）积水和泌水。无外部水流入，泌水排除及时。

（9）插筋、管路等埋设件以及模板的保护。保护好，符合设计要求。

（10）混凝土表面保护。保护时间、保温材料质量符合设计要求。

（11）脱模。脱模的时间符合施工技术规范或设计文件的要求。

第七节　混凝土坝裂缝处理

一、坝体裂缝的分类及成因

（一）混凝土坝裂缝的分类及成因

1. 混凝土坝裂缝的分类及特征

当混凝土坝由于温度变化、地基不均匀沉陷及其他原因引起的应力和变形，超过了混凝土的强度和抵抗变形的能力时，将产生裂缝。按产生的原因不同，可以分为沉陷缝、干缩缝、温度缝、应力缝和施工缝等五种：

（1）沉陷缝

属于贯穿性的裂缝，其走向一般与沉陷走向一致。对于大体积混凝土，较小的不均匀沉陷引起的裂缝，一般看不出错距；对较大的不均匀沉陷引起的裂缝，往往有错距；对于轻型薄壁的结构，则有较大的错距，裂缝的宽度受温度变化影响较小。

（2）干缩缝

属于表面性的裂缝，走向纵横交错，无规律性，形似龟纹，缝宽与长度均很小。

（3）温度缝

由混凝土固结时的水化作用或外界温度变化引起。由于裂缝产生的原因不同，裂缝分为表层、深层或贯穿性的。表层裂缝的走向一般无规律性；深层或贯穿性的裂缝，方向一般与主钢筋方向平行或接近于平行，与架立钢筋方向垂直或接近于垂直，缝宽大小不一，裂缝沿长度方向无大的变化，缝宽受温度变化的影响较明显。

（4）应力缝

属于深层或贯穿性的裂缝。其走向基本上与主应力方向垂直，与主钢筋方向垂直或接近垂直，缝宽一般较大，且沿长度或深度方向有显著的变化，受温度变化的影响较小。

（5）施工缝

属于深层或贯穿性的裂缝。走向与工作缝面一致，竖直施工缝开缝宽度较大，水平施工缝一般宽度较小。

2. 混凝土坝裂缝的成因

（1）设计方面的原因

主要包括：①结构断面过于单薄，孔洞面积所占比例过大，或配筋不够以及钢筋布置不当等，致使结构强度不足，建筑物抗裂性能降低；②分缝分块不当，块长或分缝间距过大，错缝分块时搭接长度不够，温度控制不当，造成温差过大，使温度应力超过允许值；③基础处理不当，引起基础不均匀沉陷或扬压力增大，使坝体内局部区域产生较大的拉应力或剪应力而造成裂缝。

（2）施工方面的原因

主要包括：①混凝土养护不当，使混凝土水分消失过快而引起干缩；②基础处理、分缝分块、温度控制或配筋等未按设计要求施工；③施工质量控制不严，使混凝土的均匀性、密实性和抗裂性降低；④模板强度不够，或振捣不慎，使模板发生变形或位移；⑤施工缝处理不当，或出现冷缝时未按工作缝要求进行处理；⑥混凝土凝结过程中，在外界温度骤降时，没有做好保温措施，使混凝土表面剧烈收缩；⑦使用了收缩性较大的水泥，使混凝土产生过度收缩或膨胀。

（3）管理运用方面的原因

主要包括：①建筑物在超载情况下使用，承受的应力大于允许应力；②维护不当，或冰冻期间未做好防护措施，等等。

（4）其他方面的原因

由于地震、爆破、冰凌、台风和超标准洪水等引起建筑物的振动，或超设计荷载作用而发生裂缝。

（二）砌石坝产生裂缝的原因

1. 坝体温差过大

温降时坝体产生收缩，若材料受约束而不能自由变形时，坝体内出现拉应力，当拉应力超过材料的抗拉强度时，坝体中产生裂缝。这种裂缝为温度裂缝。

2. 地基不均匀沉陷

地基中存在软弱夹层，或节理裂隙发育，风化不一，受力后使坝体产生不均匀沉陷，使砌体局部产生较大的拉应力或剪应力。这种裂缝为沉陷缝。

3. 坝体应力不足

由于砌体石料强度不够，或砂浆标号太低，超标准运用，施工质量控制不严，当坝体受力后，因抗拉、抗压和抗剪强度不够而产生应力裂缝。

二、混凝土坝裂缝处理方法

（一）处理目的及方法选择

混凝土坝裂缝处理的目的是恢复其整体性，保持混凝土的强度、耐久性和抗渗性。一般裂缝宜在低水头或地下水位较低时修补，而且要在适宜于修补材料凝固的温度或干燥条件下进行；水下裂缝如必须在水下修补时，应选用相应的修补材料和方法。

（1）对龟裂缝或开度大于0.5 mm的裂缝，可在表面涂抹环氧砂浆或表面粘贴条状砂浆，有些裂缝可以进行表面凿槽嵌补或喷浆处理。

（2）对微细裂缝，可在迎水面做表面涂抹水泥砂浆、喷浆或增做防水层处理。

（3）对渗漏裂缝，视情况轻重可在渗水出口处进行表面凿槽后嵌补水泥砂浆或环氧材料，或钻孔进行内部灌浆处理。

（4）对结构强度有影响的裂缝，可浇筑新混凝土或钢筋混凝土进行补强，还可视情况进行灌浆、喷浆、钢筋锚固或预应力锚索加固等处理。

（5）对温度缝和伸缩缝，可用环氧砂浆粘贴橡皮等柔性材料修补，也可用喷浆、钻孔灌浆或表面凿槽嵌补沥青砂浆或环氧砂浆等方法修补。

（6）对施工冷缝，可采用钻孔灌浆、喷浆或表面凿槽嵌补进行处理。

（二）裂缝的表层处理方法

1. 表面涂抹

（1）普通水泥砂浆涂抹

先将裂缝附近的混凝土凿毛后清洗干净，并洒水使之保持湿润，用标号不低于425号的水泥和中细砂以1∶1~1∶2的灰沙比拌成砂浆涂抹其上。将水泥砂浆一次或分几次抹完，一次涂抹过厚容易在侧面和顶部引起流淌或因自重下坠脱壳，太薄容易在收缩时引起开裂。涂抹的总厚度一般为1.0~2.0 cm，最后用铁抹压实、抹光。涂抹3~4 h后须洒水养护，并避免阳光直射，防止收浆过程中发生干裂或受浆。

（2）防水快凝砂浆涂抹

为加速凝固和提高防水性能，可在水泥砂浆内加入防水剂，即快凝剂。防水剂可采用成品，也可自行配制。涂抹时，先将裂缝凿成深约2 cm、宽约20 cm的毛面，清洗干净并保持表面湿润，然后在其上涂刷一层厚约1 mm的防水快凝灰浆，硬化后即涂抹一层厚约0.5~1.0 cm防水快凝砂浆，待硬化后再抹一层防水快凝灰浆，又抹一层防水快凝砂浆，逐层交替涂抹，直至与原混凝土面平齐为止。

（3）环氧砂浆涂抹

环氧砂浆的配方及配制工艺可参见有关参考资料。根据裂缝的环境分别选用不同的配方。对干燥状态的裂缝可用普通环氧砂浆；对潮湿状态的裂缝，则宜用环氧焦油砂浆或用以酮亚胺作固化剂的环氧砂浆。

2. 表面贴补

表面贴补就是用黏胶剂把橡皮或其他材料粘贴在裂缝部位的混凝土面上，达到封闭裂缝、防渗堵漏的目的。

（1）橡皮贴补

沿裂缝两侧先凿成宽14~16 cm，深1.5~2.0 cm的槽，并吹洗干净，使槽面干燥。在槽内涂一层环氧基液，随即用水泥砂浆抹平，待表面凝固后，洒水养护三天。橡皮厚度以3~5 mm为宜，宽度按混凝土面凿毛宽度为准。橡皮按需要尺寸备好后，进行表面处理，先放在浓硫酸中浸泡5~10 min，再用水冲净，晾干待用。

在处理好的表面刷一层环氧基液，再铺一层厚5 mm的环氧砂浆，并在环氧砂浆中间顺裂缝方向划开宽3 mm的缝，缝内填以石棉线，然后将粘贴面刷有一层环氧基液的橡皮从裂缝的一端开始铺贴在刚涂抹好的环氧砂浆上。铺贴时要用力均匀压紧，直至浆液从橡皮边缘挤出。为使橡皮不致翘起，须用包有塑料薄膜的木板将橡皮压紧。在橡皮表面刷一层环氧基液，再抹一层环氧砂浆以防止橡皮老化。

（2）玻璃丝布贴补

玻璃丝布一般采用无碱玻璃纤维织成。其强度高，耐久性好，气泡易排除，施工方便。玻璃布贴补的黏胶剂多为环氧基液。玻璃布粘贴前要将混凝土面凿毛，并冲洗干净，使表面无油污灰尘，如果表面不平整，可先用环氧砂浆抹平。粘贴时，先在粘贴面上均匀刷一层环氧基液（不能有气泡产生），然后展平、拉直玻璃布，放置并抹平使之紧贴混凝土面上，再用刷子或其他工具在玻璃布面上刷一遍，使环氧基液浸透玻璃布并溢出，接着又在玻璃布上刷环氧基液。按同样方法粘贴第二层玻璃布，但上层玻璃布应比下层玻璃布稍宽 1~2 cm，以便压力。玻璃布的层数视情况而定，一般粘贴 2~3 层即可。

（3）紫铜片和橡皮联合贴补

沿裂缝凿一条宽 20 cm，深 5 cm 的槽，槽的上部向两侧各扩大 10 cm 凿毛面，槽内和凿毛面均清洗干净。槽底用厚为 15 mm 的水泥砂浆填平，待凝固干燥后刷一层环氧基液，再抹上厚为 5 mm 的环氧砂浆，随即将剪裁好的紫铜片紧贴在环氧砂浆上，并用支撑压紧。在紫铜片上刷一层环氧基液，再填抹厚为 20 mm 的水泥砂浆，干燥后在其上刷一层环氧基液和环氧砂浆，然后用橡皮贴上压紧。

3. 凿槽嵌补

此方法是沿混凝土裂缝凿一条深槽，槽内嵌填各种防水材料，以防渗水，主要适用于修补对结构强度没有影响的裂缝。

嵌补的沥青材料有沥青油膏、沥青砂浆和沥青麻丝三种。沥青油膏是以石油沥青为主要材料，加入适量的松焦油、硫化鱼油以改善其黏结性、弹性和抗老化性，加入重松节油提高其和易性及结膜性，加入石棉和滑石粉改善其感温性和保油性。这种油膏常用于预制混凝土屋面嵌缝，也可嵌补水工建筑物不渗水裂缝。沥青砂浆是由沥青、砂子及填充料制成，并要求在较高温度下施工，否则，温度降低会变硬，不易操作。沥青麻丝是将麻丝或石棉绳在沥青中浸煮后，用工具将其嵌填入缝内，填好后用水泥砂浆封面保护。嵌补时每次用量不宜过多，要逐层将其嵌入缝内。

（三）裂缝的内部处理方法

裂缝的内部处理方法通常为钻孔灌浆。灌浆材料常用水泥和化学材料，可根据裂缝的性质、开度及施工条件等具体情况选定。对开度大于 0.3 mm 的裂缝，一般采用水泥灌浆；对开度小于 0.3 mm 的裂缝，宜采用化学灌浆；而对于渗透流速较大或受温度变化影响的裂缝，则不论其开度如何，均宜采用化学灌浆的处理方法。

1. 水泥灌浆

施工程序为：钻孔→冲洗→止浆或堵漏→管路安装→压水试验→灌浆→封孔→质检。

一般采用风钻钻孔，孔径36~56 mm，孔距1.0~1.5 m。如为多排钻孔应布置成梅花形，灌浆孔的孔径要均匀。每条裂缝钻孔完毕后进行冲洗，顺序为按竖向排列孔自上而下逐孔进行，接着进行止浆或堵漏处理。处理方法有水泥砂浆涂抹、环氧砂浆涂抹、凿槽嵌堵和胶泥粘贴。灌浆管一般采用直径为19~38 mm的钢管，钢管上部加工丝扣，安装前先在外壁裹上旧棉絮，并用麻丝捆紧，然后用管子钳旋入孔中，埋入深度可根据孔深和灌浆压力的大小确定。孔口、管壁周围的空隙可用旧棉絮或其他材料塞紧，并用水泥砂浆封堵，以防止冒浆或灌浆管从孔口脱出。通过压水试验判断裂缝是否阻塞，检查管路及止浆堵漏效果，然后进行灌浆。灌浆材料一般为高标号普通硅酸盐水泥，灌浆压力一般采用0.3~0.5 MPa，以保证裂缝的可灌性，提高浆体结石质量，而又不引起建筑物发生有害变形。

2. 化学灌浆

化学灌浆具有良好的可灌性，可灌入0.3 mm或更小些的细裂缝，并能适应各种情况下的堵漏防渗处理，特别能堵住涌水。凡是不能用水泥灌浆进行内部处理的裂缝，均可采用化学灌浆。

化学灌浆的施工程序为：钻孔→压气检验→止浆→试漏→灌浆→封孔→检查。

化学灌浆的布孔方式分为骑缝孔和斜孔两种。

骑缝孔的钻孔工作量小，孔内占浆少，且缝面不易被钻孔灰粉堵塞。但缝面止浆要求高，灌浆压力受限制，扩散范围较小。斜孔的优缺点和骑缝孔相反，并根据裂缝的深度和结构物的厚度，可分别布置成单排孔或多排孔。

对于结构物厚度不大的裂缝，应尽量采用骑缝灌浆。如为大体积建筑物，且裂缝较深，浆液扩散范围不能满足要求时，则应用斜孔辅助。骑缝孔多采用灌浆嘴施灌，斜孔一般埋设灌浆管施灌。孔距一般采用1.5~2.0 m，孔径为30~36 mm。对于甲凝及环氧树脂等憎水性材料，最好采用压气检验的方法，对于丙凝、聚氨酯等亲水性材料，可用压水试验的方法。压水时可在水中加入颜料，以便观察。化学灌浆材料的渗透性较好，造价高，为保证灌浆质量，节省浆液，要求对缝面进行严格而又细致的止浆。灌浆压力可根据灌浆材料、结构物的厚度、缝面止浆情况以及灌浆设备的允许压力而定。对于坝体裂缝灌浆，当采用甲凝或环氧树脂时，灌浆压力一般可选用0.4~0.5 MPa；当采用丙凝等材料时，灌浆压力一般可采用0.3~0.5 MPa，结束压力可选用0.6~0.7 MPa，灌注时压力由低到高，当压力骤升而停止吸浆时，即可停止灌浆。

灌浆方法有单液法和双液法两种。

第六章　隧洞工程施工技术

第一节　隧洞工程施工技术概述

隧洞工程是在岩体和土体中挖掘水工隧洞或其他平洞，将土和岩石松动、破碎、掘进和运渣的工程，广泛应用于水利工程中的引水、泄水、导流、交通以及其他隧洞的施工。

一、盾构法

（一）技术简介

盾构法是用带防护罩的特制机械（即盾构机）在破碎岩层或土层中掘进隧洞的施工方法。盾构法的特点是在掘进的同时进行排渣和拼装后面的预制混凝土衬砌块。这种施工方法的机械化程度高，全部工作在盾构壳体保护下进行，施工安全。

（二）技术特点

盾构机掘进的具体方法：用带有切割刀具的开式刀盘切割破碎岩层或土层；以尾部已安装好的预制混凝土衬砌块为盾构机向前掘进提供反力；用机械或水力出渣；用盾构支撑洞壁，保障施工安全。盾构机的主要组成部分：用厚钢板制成的防护罩、带有切割刀具的刀盘、刀盘的驱动系统、压缩空气封闭室、向工作面输送膨润土泥浆的管道、从工作面排除开挖土和膨润土泥浆的输送管道、预制混凝土块安装器、后配套设备和地面泥浆筛分场等。使用水力式盾构机出渣，在工作面处要建立一个注满膨润土液的密封室。膨润土液既用于平衡工作面上的土压力和地下水压力，又用来和土颗粒相互作用以增加黏结力，并作为出渣输送土料的介质。此外，还要在地面上设置筛分场，以便把土料分离出来，重复使用膨润土液。为了向工作面提供稳定的压力，常采用设置空气垫的办法解决。即在水力盾构机前端压力密封舱的上部设置一块局部隔板，隔板下部稍超过盾构机轴线，将舱室分为前后两部分。前部分完全注满膨润土液，后部分只用膨润土液充填一多半，形成一个自由液面。当从舱室上部输入压缩空气，并作用于自由液面时，便形成空气垫。空气垫的压力由一个特制的调节阀控制。液面下降时，泵输出的膨润土液量上升；液面上升时，泵输出的膨润土液量下降，可根据盾构机的掘进速度进行调节。

二、顶管法

（一）技术简介

顶管法是用千斤顶将管子逐渐顶入土中，将土从管内挖出修建涵管的施工方法。顶管法可减少开挖量，节省施工用地，且有投资省、工期短的优点，适用于修建穿过已有建筑物或交通线下面的涵管。我国首先用于城市修建上、下水道工程，随后逐步用于铁路、公路和水利工程。在水利工程中主要用于土坝中修建或改建引水洞，以及修建穿过铁路的灌溉涵管。

（二）技术特点

顶管法的施工工艺有：顶进、挖土与出土、测量校正、下管与接口等，但可视具体施工方案进行工艺调整。施工前的准备工作包括工作坑布置、后背（后座）修筑、导轨铺设、顶进设备布置、管材准备和排水等。顶进是用千斤顶借助于后背的反作用力推动管节前进，用理论和经验公式计算顶力，以确定千斤顶的吨位和数量，顶进时，各千斤顶的推进速度要同步，做到均匀传力，以免管子偏斜。顶进过程中，一般是先挖后顶，随挖随顶。挖土与出土的方法应因地制宜，可有人工挖、挤压法、机械切削法和水冲法等。如因土质变化、顶力不匀、导轨位置有误、后背不均匀压缩或挖土不平衡致使顶进方向产生偏差，要随时进行测量和校正，采用激光导向和自动校正技术，效果最好。管子接口包括顶进时的临时接口和顶完后的接口封固，为满足防渗要求，要保证接口的施工质量。当管线较长时，为减小顶力，可采用双向顶进或分段顶进，也可采取触变泥浆等润滑措施。触变泥浆是由膨润土、碳酸钠和水等配合而成，具有很好的触变性、稳定性和润滑作用。在顶管推进中，触变泥浆将被挤压到管道外壁，减少顶进的阻力。顶管全线完成后，须进行灌浆，以保证外壁与土体结合密实。

三、钻爆法

（一）技术简介

钻爆法是在隧道掌子面通过钻孔、装药、起爆而破碎岩石达到向前掘进的方法。其工序包括钻孔、装药、堵塞、起爆、通风散烟和安全检查（包括撬挖松石）等。从第一次钻孔起，经过爆破、通风、出渣，到第二次钻孔开始，称为一个作业循环。

（二）技术特点

钻孔爆破必须先进行设计，其内容包括炮孔布置、掏槽方式，炮孔直径、深度，角度和间距，装药量，装药结构，炮孔堵塞方式，起爆网络等。隧洞掌子面上的布孔，按其作用分为掏槽孔、辅助孔和周边孔。掏槽孔是打开临空面、控制循环进尺的关键，一般分斜孔掏槽和直孔掏槽两大类。辅助孔是掏槽成型后扩大洞挖的主要手段，带有台阶爆破的性质。周边孔控制隧洞的轮廓，多用预裂爆破法和光面爆破法。

掏槽孔的布置方式种类繁多，以能爆到设计的开挖循环进尺和打孔量少为原则，直眼掏槽以一至多个空孔为初始临空面，其中，又以大空孔（φ60~φ250 mm）的效果最好。常用的直眼掏槽有菱形掏槽、螺旋形掏槽和对称形掏槽等。斜眼掏槽有 V 形掏槽、扇形掏槽等。也有将两种掏槽方式配合使用的混合掏槽法，在钻孔技术稍差时，往往能取得较好效果。

周边孔采用预裂爆破时，应先进行预裂爆破，再钻掏槽与辅助孔。当周边预裂孔与上述孔同时起爆时，预裂孔宜先于掏槽孔 100 ms 左右起爆，但要注意预裂孔爆破时不应拉坏辅助孔。周边孔光面爆破应尽量选用导爆索网络，为保证它不被辅助孔爆破时拉断，可采用双向环形网络，多个起爆点起爆的方法。

起爆方法：以塑料导爆管雷管为主的非电起爆系统已逐步替代火雷管和电雷管（包括毫秒延期和半秒延期等）起爆系统，而且事故率大大降低。延期时间：掏槽孔的段间时差宜控制在 50~100 ms。辅助孔及其与掏槽孔的段间时差应控制在 100~150 ms。

隧洞钻孔爆破采用深孔爆破时应注意管道效应的影响，孔径与药径的比值选在 1. 14~1. 15 之间，一般可防止管道效应的发生。

四、新奥法

（一）技术简介

在隧洞设计和施工中，根据岩石力学理论，结合现场围岩变形资料，采取一定措施，以充分发挥围岩自身承载力，进行隧洞开挖和支护的工程技术，简称新奥法（NAMT）。它的主要特点：①运用现代岩石力学的理论。②充分考虑并利用围岩的自身承载能力。③通过现场量测信息的反馈。④采用预裂爆破、光面爆破等控制爆破，或掘进机开挖和喷锚支护等手段。⑤因地制宜地进行隧洞开挖和支护。

（二）技术特点

为充分发挥围岩的承载能力，首先使围岩免遭破坏并保证它的稳定性。因此，在选择洞线时，要根据当地的具体地质条件，尽量选取有利于围岩稳定的线路；决定洞室布置和洞体形状时，在满足工程运行需要的前提下，要考虑地应力和施工条件等因素，尽量选择围岩应力分布比较均匀的方案，避免过大的应力集中造成围岩破坏；洞室开挖时，要尽量减少人为因素对围岩的扰动，制定合理的开挖程序，并采用对围岩损伤较小的开挖方法；在进行支护时，既要考虑让围岩承受大部分荷载，又要避免围岩产生过度的松弛，应适时地搞好支护。

适时支护是指进行支护时机要恰到好处。过早支护，支护结构要承担很大的围岩变形压力；过迟支护，围岩会因过度松弛而使岩体强度大幅度下降，甚至导致洞室的破坏，正确的做法是让围岩产生一定的变形，而又加以限制，不让变形发展到有害的程度。实践证明，为实现上述目标，支护结构须在洞室的整个断面上与围岩紧密结合在一起，从而具有足够的刚度，以承担变形压力，但又具有一定的柔性，以实现支护和围岩同步变形。传统的钢木支撑不能满足这种要求，锚杆和喷射混凝土则能与围岩结合为一体，不仅可以取得良好的支护效果，而且施工简便，其参数易于调整，并能满足不同地质条件对支护所提出的各种要求。隧洞的地质条件复杂多变，预先难以准确掌握围岩的各种性质，进行支护的最佳时机也难以通过计算确定，因此只能借助于现场量测技术。一般情况下，施工现场观测取得的资料是围岩性态的客观反映，现场量测工作在新奥法中占有非常重要的地位，要安排在正常施工工序中。

锚杆支护、喷射混凝土和现场量测是新奥法的三项重要内容。新奥法的关键是在洞室的设计和施工中要采取措施，使围岩既能充分发挥承载能力，又不致过度松弛降低岩体强度。例如，围岩强度低的隧洞，底拱要及时进行封闭；有些隧洞，要分别进行临时性和永久性的锚喷支护，有时还要铺设金属网或架设钢拱肋；等等。

五、全断面隧道掘进机法（TBM）

（一）技术简介

全断面隧道掘进机法是利用岩石隧道掘进机在岩石地层中暗挖隧道的一种方法。所谓岩石地层，是指该地层有硬岩、软岩、风化岩、破碎岩等类，在其中开挖的隧道称为岩石隧道。施工时所使用的机械通常称为岩石隧道掘进机（Tunnel Boring Machine），简称TBM。掘进原理是通过回转刀盘并借助推进装置的反作用力，使刀盘上的滚刀切割（或破碎）岩面以达到破岩开挖隧道（洞）的目的。

（二）技术特点

掘进机组由切削破碎装置、行走推进装置、出渣运输装置、驱动装置、机器方位调整机构、机架和机尾以及液压、电气、润滑、除尘系统等组成。主要适用于较长隧洞中石灰岩、砂页岩、沙质黏土岩等中硬岩及软岩的开挖。TBM 按照适应地层不同主要分为以下三种类型：①开敞式 TBM，常用于硬岩，配置有钢拱架安装器和喷锚等辅助设备，当采取有效支护手段后也可用于软岩隧洞；②单护盾 TBM，常用于劣质地层或地下水位较高的地层；③双护盾 TBM，既能适应软岩，也能适应硬岩或软硬岩交互地层。

1. 适用范围

由于 TBM 的断面外径范围在 1.8～10 m，且随着岩石掘进机和辅助施工技术日臻完善以及现代高科技成果的应用（液压新技术、电子技术和材料等），大大提高了 TBM 对各种困难地层的适应性。对其适用范围应根据隧道埋设周围岩石的抗压强度、裂缝状态、涌水状态等地层岩性条件的实际状况，机械构造、条件及隧道的断面、长度、位置状况、选址条件等进行判断。从地层岩性条件看，掘进机一般只适用于圆形断面隧道，只有铣削滚筒式掘进机在软岩层中可掘削非圆形隧道（自由断面隧道）。开挖隧道直径在 1.8～12 m 之间，以 3～6 m 直径最为成熟。一次性连续开挖隧道长度不宜短于 1 km，也不宜长于 10 km，以 3～8 km 最佳。隧道长度太短，掘进机的制造费用和待机准备时间占工程的总费用和时间的比例必然增加。如果一次性连续开挖施工的隧道太长，超出掘进机大修期限，自然要增加费用和延长施工时间。掘进机适用于中硬岩层，岩石单轴抗压强度介于 20～250 MPa 之间，尤以 50～100 MPa 为佳。

2. 工艺优点

快速：约为钻爆法的 4～6 倍；优质：洞壁光滑、超挖量少；高效：节约衬砌、节省劳力；安全：安全性加大、作业环境安全；环保：非爆破开挖，尘土、气体、噪声污染少，减少辅助洞室，减少地表破坏；自动化信息化程度高。

第二节　TBM 掘进施工环节

一、施工准备

（一）TBM 组装调试

在隧洞出口场地组织 TBM 组装调试，主机与后配套分别在两个场地同时进行。由承包商和 TBM 制造商共同快速、安全地完成组装调试工作。

1. 组装准备

（1）组装要求

①制订详细、可行的组装计划。

②提前做好技术培训，使参加组装人员了解 TBM 的结构性能。

③制订合理的组装材料、机具、配件计划。

④严格控制组装质量，做好组装记录。

⑤设置专职的质量控制组和安全控制组，全程监控 TBM 的组装工作。

（2）组装人员准备

根据 TBM 的结构特点，按专业分工并进行岗前培训，经考核合格后方可持证上岗。

为保证组装安全与质量，TBM 组装期间采用两班制作业，每班工作 8 h，大件吊装全部安排在白班，每班设专职人员对组装调试安全与质量进行监督。

（3）组装场地准备

根据组装需要，结合工地出口场地实际情况，主机组装场地从距洞口 30 m 的位置开始。

①根据施工组织设计，确保组装的空间和龙门吊安装的位置。

②地面硬化至要求的接地比压，完成主机部件摆放区域划分、与地面直接接触各主要部件安装位置的确定并标注。

③完成龙门吊安装的准备工作。

④完成主机组装基础的施工并达到强度要求，预埋 TBM 向洞内滑行所需钢轨并保证其标高与钻爆法施工段滑行轨道标高一致。

⑤完成后配套组装用轨道铺设。

（4）组装设备准备

主机的组装使用 1 台 2×50 t 龙门吊，后配套组装使用两台 25 t 汽车吊。

组装设备、机具根据组装需要配置，在组装场地内合理位置安排电源、高压风源、水源的接口，并根据要求安排电焊机、气割设备、探伤设备和叉车等。

（5）组装方案准备

为保证组装工作安全、快速、有序进行，首先制订详细的组装方案并付诸实施。内容包括：

①制定组装顺序。

②根据组装顺序确定运输到场的顺序。

③安全措施：制定起重设备安全操作规程、通用与专用工具操作规程、安全用电、消防、保安措施并贯彻落实；对人员进行岗前安全教育，必须使用安全帽、安全带、工作服

等；设专职安全员，所有组装工作由组装调试指挥人员统筹安排，按照合理的顺序进行施工，确保人员、设备的安全。

④消防器材配备：洞内合理配备灭火器、灭火砂等消防器材。

2. 基本技术要求

为保证 TBM 在组装过程中的顺利、安全、准确，确保其原有的设计精度，应遵循以下技术要求：

①平稳吊装，确保安全。

②拆箱注意保持其原有设计尺寸，避免损伤构件原有加工精度。

③以适当的方式与材料认真清洗各个安装部件和配件。

④对照图纸正确安装。

⑤根据螺栓的级别按正确的顺序与扭矩紧固。

⑥电气与液压件安装应给予高度重视，以免由于错接而导致误动作。

⑦专用的设备和工具要根据说明书严格操作，保证安装设备的精度和可靠性。

3. 组装顺序

主机组装与后配套组装分别在各自的场地同时展开，TBM 各部件运输到场，主机部件摆放于主机组装基础之后，后配套部件根据组装顺序，主要摆放于后配套组装区域；经过开箱验收后开始组装，采取边运输边开箱验收边组装的方式。

（1）主机组装

主机组装前在基础的预埋钢轨上涂抹黄油，之后，按照 TBM 组装流程逐步完成组装工作。

（2）后配套组装

后配套组装在已经铺设好的轨道上进行，组装采用两台 25 t 汽车吊机进行。为最大限度避免与主机组装之间的干涉，从最后一节后配套台车开始组装，两台吊机配合，逐节完成所有后配套的组装工作，按照台车门架在轨道上拼装、安装相关辅助设备，连接电气液压等管线的顺序进行。加工专用的走行式门架支撑连接桥前端，连接桥组装完成后，首先进行连接桥与主机的连接，之后顺序完成后配套与连接桥的连接，使整套 TBM 连接为一个整体，最后安装皮带、硫化皮带。

（3）主机和后配套连接

组装完毕的后配套和主机连接在一起，对接主机与后配套之间的各种管线。

整机组装的检查：复核所有设备的安装固定，检查管路、线缆的连接情况。

4. 整机调试

组装工作完成后，立即进行整机调试，调试前需制订详细的调试方案，分系统进行，以确保 TBM 性能达到设计标准，主要包括以下几个方面：

（1）支撑系统；

（2）主推进系统；

（3）辅助推进系统；

（4）刀盘主驱动；

（5）刀盘辅助驱动；

（6）管片拼装；

（7）豆砾石回填；

（8）注浆；

（9）材料运输；

（10）通风系统；

（11）供电系统；

（12）给水排水；

（13）PLC 程序控制系统；

（14）皮带机等辅助设备。

调试过程中，须配备抢修工具、必要的配件等，同时详细记录各系统的运转参数，与制造商提供的设计参数对比，对不相符的项目查找原因并采取相应措施，由制造商负责确保设备性能达到设计标准。

（二）TBM 滑行

TBM 由组装位置到洞口以及在隧洞出口钻爆法施工段的通过，将采取相同的滑行方式。在尾盾拼装钢管片，以辅助推进油缸顶推钢管片推动整机向前滑动，主机部分在预埋的滑轨上向前滑动，后配套走行于铺设的钢轨上；每向前滑行一个循环即 1.5 m，铺设一块钢管片，以 12.5 m（约 8 个掘进循环）作为一个完整的滑行工作循环，每个滑行工作循环的第一块钢管片锚固于洞底，其他钢管片与第一块钢管片顺次前后连接，所有钢管片可以循环使用；当整机向前滑行约 8 个循环后，在连接桥位置铺设钢轨，同时重新锚固下一个滑行工作循环的第一块钢管片，并拆除其他钢管片。

1. 滑行准备工作

（1）加工滑行专用钢管片；

（2）TBM 进洞前，在洞外组装及滑行基座上预埋钢轨，在钻爆法施工段锚固 30×100 mm 钢板作为 TBM 滑行时主机的滑轨；

（3）检查 TBM 滑轨，对损坏、变形的必须修复；

（4）检查滑轨安装位置，如不符合要求，必须进行调整；

（5）准备编组列车，满足滑行期间钢轨、电缆、风水管延伸等需要；

（6）清理钻爆法施工段，确保洞内没有干涉 TBM 通过的设施及杂物；

（7）复核钻爆法施工段隧洞的轴线误差。

2. 滑行

（1）在洞外组装基座尾部拱底 TBM 尾盾管片拼装位置钻 φ50 mm 孔，孔深 50 cm，共两排，每排 3 个孔；

（2）将钢管片安装在 TBM 尾盾位置，用 φ45×400 mm 销子固定在已经钻好的 6 个孔中；

（3）在滑轨上涂抹黄油，以辅助推进油缸顶推钢管片，推动 TBM 主机在滑轨上向前滑动，后配套在铺设好的钢轨上向前行进；

（4）整机向前移动一个掘进行程的距离后，在第一块钢管片的前方铺设第二块钢管片，但拱底部位不钻孔，该管片仅在位连接耳板上用螺栓与第一块钢管片固定，以防止 TBM 前进过程中钢管片翘曲；

（5）第二块钢管片铺设完毕，再次以辅助推进油缸推动整机向前行进；

（6）以此类推，共铺设 8~9 块钢管片后，连接桥前支架后部将会有 12.5~13m 的空间，则在此部位铺设钢轨，同时拆除已经铺设好的第一块钢管片，在盾尾重新钻孔锚固；

（7）向前推进一个掘进循环的距离后，将目前最后一块钢管片拆除，安装在尾盾部位，并与刚刚锚固的该滑行工作循环的第一块钢管片纵向连接；

（8）依照上述方法，推动 TBM 向前行进，同时完成 TBM 尾部风水管、电缆的延伸。

二、开挖掘进

（一）TBM 正常开挖掘进

1. 破岩原理

在完整、密实、均一的岩石中，刀具的刀刃在巨大推力的作用下切入岩体，形成割痕。刀刃顶部的岩石在巨大压力下急剧压缩，随刀盘的回转和滚刀的滚动，这部分岩石首先破碎成粉状，积聚在刀刃顶部范围内形成粉核区。

刀刃切入岩石和刀刃的两侧劈入岩体，在岩石结合力最薄弱的位置产生多处微裂痕。随着滚刀切入岩石深度的加大，微裂纹逐渐扩展为显裂纹。当显裂纹和相邻刀具作用产生的显裂纹交汇或显裂纹发展到岩石表面时，就形成了岩石断裂体和一些碎裂体。

2. 开挖施工

（1）施工组织

双护盾掘进机有双护盾和单护盾两种掘进模式，掘进施工过程中，须根据工程地质图纸、石情、前序掘进参数、超前地质探测结果等，对掌子面围岩状态做出准确判断，据此选择相应的掘进模式及掘进参数。

TBM 施工采取三班制，两班掘进一班整备，掘进工班每班工作 9 h，整备工班工作 6 h，每天 8：00—14：00 整备。

（2）施工准备

①接通隧洞内的照明。

②接通 TBM 主机变压器的电源，使变压器投入使用。待变压器工作平稳后，接通二次侧的电源输出开关，检查 TBM 所需的各种电压，并接通 TBM 及后配套上的照明系统（此项工作在初始掘进施工时进行，除高压电缆接续施工外，一般保持 TBM 变压器连续工作）。同时检查 TBM 上的漏电监测系统——确定接地的绝缘值可以满足各个设备的工作要求。

③检查气体、火灾监测系统监测的数据、结果。确定 TBM 可以进行掘进作业。确认所有灯光、声音指示元件工作正常。所有调速旋钮均在零位。

④检查液压系统的液压油油位、润滑系统的润滑油位，如有必要马上添加油料。确认给水、通风正常。

⑤接通 TBM 的控制电源，启动液压动力站、通风机、TBM 自身的给水（加压）水泵。根据施工条件，确定是否启动排水水泵。

⑥确定连续皮带机、风、水、电管线延伸等各种辅助施工进入掘进工况。

⑦检查测量导向的仪器工作正常，并提供正确的位置参数和导向参数。根据测量导向系统提供的 TBM 的位置参数，调整 TBM 的姿态，确保方向偏差（水平、垂直、圆周）在允许误差范围内，撑紧水平支撑靴达到满足掘进需要的压力。

（3）掘进作业

①TBM 在掘进施工过程中，须根据工程地质图纸、石渣情况、上一循环掘进参数、邻近超前隧洞的地质情况等，对掌子面围岩状态做出准确判断，据此选择相应的掘进模式及掘进参数。如有必要，可采用超前地质探测，进一步确定前方围岩状态。配置超前钻孔探测装置以及采用的可随开挖进行预报的 BEAM 超前预报系统，可预测前方 150 m 范围内围岩地质情况。为保证超前预报的准确性，施工中初步考虑每次超前预报实施 50~100 m 的距离。

②选择掘进参数。根据判定的掌子面的围岩状态，选择推力、撑靴压力、刀盘转速等掘进参数。掘进过程中结合实际掘进参数的变化判断围岩的变化，适时适当调整，同时结合施工经验使掘进参数与围岩状况实现最佳匹配。

③顺序启动洞内连续皮带机、皮带连接桥皮带机、主机皮带机，并确保其运转正常；顺序启动刀盘变频驱动电机；启动主轴承的油润滑系统、各个相对移动部位的润滑系统。启动掘进机各个部位的声电报警系统，提示进入工作状态。

④空载启动刀盘，启动除尘风机，水平支撑撑紧，收起后支撑。

⑤慢速推进刀盘靠紧掌子面，确定刀盘已经靠紧掌子面后选择合适的推进速度、刀盘转数进行掘进作业。在刀盘和岩石表面接触之前启动刀盘喷水系统对岩石喷水。

⑥操作人员在控制室时刻监控 TBM 掘进时各种参数的变化、石渣状态等。掘进时根据 TBM 的设备掘进参数和预计的前方围岩的情况选择适当的掘进参数，包括刀盘转速、推进力、变频电机频率、推进速度、皮带机转速等。并根据围岩的状况变化及时进行调整。专职安全员进行各设备的运行检查，保证设备运行安全。

⑦换步、调向。掘进行程完成之后，停止推进并将刀盘后退约 3~5 cm，停止刀盘旋转，伸出后支撑撑紧洞壁，收回水平撑靴油缸使支撑靴板离开洞壁，收缩推进油缸将水平支撑向前移动一个行程。撑靴再次撑紧洞壁，利用连接桥和后配套连接油缸拖拉后配套到位，进行换步，重复掘进准备工作，开始下一掘进行程。

TBM 调向过程可以在换步完成后利用水平撑靴支撑洞壁进行调整，也可以在掘进过程中进行微小的调整。TBM 主司机应该在换步过程中，根据测量导向系统所显示的上一循环结束时 TBM 的方位，本掘进循环调向参考值调整 TBM 的姿态，确保掘进方向控制在允许范围之内。如有必要，可以适时在掘进施工过程中进行调整。

3. 出渣运输

TBM 施工的掘进施工和出渣运输同时进行，刀盘开挖的石渣通过皮带机卸到停放在后配套上的渣车内，矿车通过牵引机车移动使石渣均匀卸到各节车内。

编组列车利用 35 t 变频电动机车牵引出洞，到达卸渣翻车机，将石渣卸到渣场。

4. 停机

TBM 施工过程中，经常会需要停机，如连续皮带机皮带的硫化、刀具的检查更换、处理不良地质等情况会需要停止 TBM 掘进的作业。停机的操作如下：

①如当时正进行掘进施工，就必须按操作的规程顺序停止推进、后退刀盘、停止刀盘喷水、停止刀盘旋转、停止驱动电机、顺序停止随机皮带和连续皮带机。在此情况下，一定注意将所有皮带上的存料输送完毕后才能停止皮带机。

②如果需要较长时间的停机，在完成上述步骤后，依次停止除尘、给水、通风系统。

③根据施工的需要启动施工所需的设备进行作业。

（二）TBM 轴线控制

TBM 施工采用 PPS 自动导向系统对隧洞轴线进行跟踪控制，TBM 操作人员根据导向系统数据和指导调向措施及时调整 TBM 的掘进方向，因此，TBM 施工的轴线控制主要是对导向系统的控制、使用。

1. 影响导向系统正常工作的因素

（1）灰尘：若洞内灰尘太大导致固定全站仪无法前（后）视到目标棱镜（定向棱镜），使系统无法正常工作。

（2）水雾气：由于本标段掘进洞段地下水丰富，可能出现高压喷射水流，会在目标棱镜和全站仪之间形成水雾，将导致无法前视到棱镜内的照准目标，使系统无法正常工作。

（3）TBM 设备阻挡全站仪通视到目标棱镜。

（4）洞内照明不能满足条件，全站仪无法测量和定向。

（5）导向系统出现线路故障、全站仪故障等会造成系统无法正常工作。

2. 测量导向系统的管理

①工程技术人员在施工过程中应及时了解系统的工作状态，对操作室内导向显示屏上出现的任何参数和显示的问题及时解决。在掘进过程中做好对马达棱镜、全站仪和后视棱镜的防护。

②掘进过程中做好掘进偏差的详细记录，以备核查、分析。

3. 掘进方向的控制

操作人员熟练掌握掘进机换步调向技术，对调向工作以超前预判、提前实施调向的原则进行。必须根据技术要求严格控制调向幅度，避免对刀盘边缘的刀具和出渣机构产生大的冲击，造成刀具和出渣机构的损伤。

掘进过程中时刻注意刀盘推力状态，了解出渣情况，综合实际情况正确选择掘进模式、掘进速度等掘进参数，并在掘进过程中随时调向，完全掌握对掘进方向的控制，将掘进方向控制在水平和竖向分别为设计轴线的±100 mm 和±60 mm 之内。

三、特殊地质条件隧道洞段掘进

（一）涌水洞段掘进

1. 涌水洞段 TBM 施工原则

（1）及时实施超前预报预测

利用 TBM 自带的超前钻探系统、BEAM 系统对掌子面前方的围岩进行探测，了解前方的地质详情，为 TBM 开挖施工提供指导。根据超前的排水洞的地质情况以及超前孔了解地下水的活动规律，判定涌水量、压力，防止突然涌水。对有可能对施工人员、设备安全造成较大威胁及对工期造成较大影响的掌子面前方的地下水进行超前处理。

(2) 渗滴水和线状渗水

对于渗滴水和线状渗水出水洞段，为保证 TBM 快速施工，考虑在隧洞开挖过后以自排为主，暂不做注浆处理，掘进通过后再择机注浆处理，不影响隧洞掘进进度。

对隧洞洞壁边墙、顶拱附近的渗滴水和线状渗水出水设置引排设施，设置导水盲管等，将出水沿隧洞洞壁引导到隧洞底部排水通道中，以免由于水长期淋在 TBM 设备上影响设备的正常工作，并在混凝土衬砌前择机进行有效的封堵。

(3) 高压、集中涌水

根据超前地质预报的结果以及辅助洞、排水洞的隧洞开挖情况，在可能出现高压、集中涌水的洞段首先进行 TBM 设备的防水防护，方可开挖进入该洞段。当预计工作面前方的高压大流量地下水排放不会影响围岩稳定，可采取超前钻孔、开挖导水洞、钻孔卸压等措施对大流量、高压的涌水进行排放，或安装钢瓦片先挡水，在引流排放达到 TBM 施工的要求后进行 TBM 的开挖施工。

如涌水的排放影响围岩的稳定，则需要对涌水进行超前灌浆处理。超前处理达到洞室稳定和开挖安全要求后，才能掘进通过。

(4) 不同出水点位置对 TBM 施工的影响及应对措施

采用 TBM 施工时，由于 TBM 关键设备高度上均处于安全的位置，隧洞边墙和底部的低压出水对 TBM 设备没有较大的影响，施工中在底部轨道安装位置要保证水流能够顺利流出，同时将型钢轨枕和钢轨按照规定位置安装，锚杆施工按照正常施工进行。喷射混凝土施工前首先将边墙上的出水引流到隧洞的底部并确定符合混凝土喷射要求后方可进行混凝土喷射作业。顶部出水需要进行适当引排，方可继续施工。

对于隧洞中的高压出水，由于 TBM 设备均在水流冲击之下，必须采取措施保证 TBM 不遭受高压水流的直接冲击，特别要根据超前预报的结果在 TBM 即将进入可能出现大涌水的洞段时，提前在 TBM 的关键设备上做好防护，防止出现高压出水时水流直接冲击 TBM 的设备。必要时安装钢瓦片进行挡水，同时利用锚杆钻机施工泄水孔，降低出水点的出水压力。

TBM 开挖待水流压力减弱、流量减小后再重新开始，锚杆和喷射混凝土施工待涌水释放或者压力降低后采用引流方式引水到隧洞底部后，检查工作面是否满足施工要求，方可进行施工。

2. 大流量、高压涌水的处理方法

(1) 钢瓦片防水

隧洞中出现高压、集中涌水时，涌水可能会影响 TBM 上相关电气设备的运行，施工中首先对高压水进行适当排放后方可继续开挖施工。涌水隧洞中采用的 TBM 钢拱架安装

钢瓦片，操作人员在挡水护盾（防水蓬）的防护下利用该设备可以对出水进行临时封堵，避免大压力的涌水直接冲击到 TBM 设备上，保证施工设备、人员的安全，待水流压力不影响 TBM 施工时继续进行掘进施工。

（2）开挖横向排水洞排放大压力、大流量的涌水

出现超大压力、流量的涌水时，可能造成 TBM 施工受阻，无法继续进行开挖施工。此时钢瓦片不能有效地起到挡水的作用，需要开挖排水横洞排放出隧洞中大流量涌水，直到涌水点的水压力和流量不影响 TBM 正常施工。

（3）TBM 掘进参数的选择

在出现大量的涌水洞段，由于底部部分刀盘可能处于水中，施工如仍选择正常旋转速度，大量的水将被带到皮带上，影响到 TBM 施工。因此需要开启底部下支撑的排水闸门，同时降低刀盘转数，保证刀盘卷起的水在上升的过程中流出时不会倾泻到皮带机上。

（二）岩爆洞段掘进

1. 岩爆预测

根据引水隧洞的地质条件，岩爆的预测须采用多种手段进行综合预测。拟采用的方式为宏观预报、仪器法、围岩性质预测法。根据已有的施工经验，岩爆可能发生在岩石新鲜、完整和干燥，岩性脆硬，抗压强度大的洞段。在断层带附近的完整岩体部位易发生岩爆，另外，复杂的地质构造带容易发生岩爆。而且在拱肩或腰部发生较多。

（1）进入埋深大、地应力高、可能发生岩爆的区域施工时，首先利用超前钻孔、Beam 系统等进行超前预报，并结合超前 TBM 隧洞的辅助洞、排水洞的围岩情况，了解隧洞前方的围岩情况，并根据预报预测的结果提前制订通过方案。

（2）根据对辅助洞的岩爆分析，在引水隧洞 TBM 施工中相应的洞段可能发生较强的岩爆，需要在 TBM 上安装防护设备应对岩爆。

2. 轻微、中等岩爆洞段 TBM 施工原则

在施工预测即将进入易发生岩爆洞段时，需要针对岩爆的处理制定试验大纲，通过现场试验后经监理人确认审批后遵照执行。岩爆洞段的施工原则根据地质情况分别采取以防为主、以治理为主的方案。以防为主的方案分别以解除围岩应力为途径，或以降低开挖扰动为途径。以治理为主的方案针对岩爆的具体情况采用喷混凝土、锚杆等措施进行施工。

TBM 施工过程中由于不存在爆破作业，开挖过程是一个连续切割的过程，因此不易在隧洞洞壁上形成应力集中的位置，故发生岩爆的可能较钻爆法要小，所以在 TBM 施工洞段针对岩爆采用以防为主、结合治理的施工方案。

轻微、中等岩爆的处理利用 TBM 自带的支护设备及时对开挖出露岩石进行锚杆、钢筋网、喷射混凝土或砂浆的支护作业，并对隧洞洞壁进行钻孔、充水以降低岩石内部的应

力，降低岩爆发生的概率和强度。

在出现岩爆后首先清理爆下的岩石，再对岩爆产生的位置及时喷射混凝土封闭，而后再利用锚杆、网喷混凝土等支护方式进行。如支护设备已经通过该区域，利用后配套结构施工平台，增加相应钻孔设备进行施工，同时，可将喷射混凝土管路连接到该位置进行喷射混凝土施工。

3. 强岩爆的处理方法

较强岩爆洞段处理的关键是将支护作业的各个支护程序按时、及时的实施，并加强超前预报预测工作，保证 TBM 安全顺利通过岩爆洞段。

由于岩爆的发生较难预测，施工将在预测可能发生岩爆区域严格执行设计的支护方案，即开挖后及时、按时进行程序化的支护，锚杆、网喷混凝土、钢拱架在规定时间内完成。在 TBM 施工超过 20 m 前确保支护作业。

在预测可能发生岩爆的洞段，即埋深大、地应力高、坚硬完整的无水洞段应及时利用 TBM 自带的喷射混凝土设备向顶拱及侧壁喷射混凝土或砂浆，跟随锚杆（可以综合采用涨壳式预应力锚杆、普通预应力锚杆、自钻式中空注浆锚杆、水涨式锚杆）、钢筋网、钢拱架等措施及时支护。减少岩层暴露时间，防止岩爆的继续发生。

TBM 开挖施工时，每一个循环掘进结束后，利用 TBM 的超前钻机打超前应力释放孔并喷撒水。应力释放孔宜短、多以提前释放应力，降低岩体能量；对露出护盾的洞壁钻孔喷洒水，以降低岩体强度，并及时采用挂网锚喷支护法，混凝土厚度、锚杆布置根据具体情况确定。

发生岩爆的洞段，及时根据地质、岩爆程度等采用挂网锚喷支护法，对岩爆烈度较高处可酌情增设一定的钢拱架支撑等措施。

（三）富水断层破碎带及较大溶隙、裂隙洞段掘进

根据超前地质预报的结果掌握断层带的情况，包括破碎带的宽度、填充物、地下水以及隧洞轴线与断层构造线的组合关系等，利用 TBM 自带的支护设备，选择通过断层地段的施工措施包括支立钢拱架、及时施作锚杆、喷射混凝土。对影响 TBM 水平支撑靴支撑的位置进行加固处理以保证 TBM 顺利通过。

遭遇断层或遇较大溶隙、裂隙时，首先及时了解断层模、规律，采取措施迅速处理，防止断层塌方范围的延伸和扩大。利用 TBM 设备进行支护施工保证 TBM 掘进通过后及时对塌腔和较大的溶隙、裂隙进行混凝土回填、灌浆处理，从而保证隧洞的施工质量。

（四）高地应力地段防止收缩变形措施

在塑性较大的围岩洞段如出现较大的地应力，围岩将出现收缩变形，TBM 施工过程中

如果不采取相应措施，有可能导致刀盘和护盾被卡住，从而使掘进施工无法进行的情况。针对此情况，在 TBM 施工时将采取如下措施以避免出现上述情形：

（1）及时实施超前预报，根据超前预报的结果指导施工，在进入可能因高地应力引起收缩变形的洞段时提前制定相应的施工措施。

（2）检查 TBM 边刀的磨损程度，在进入上述洞段时，更换全新的边刀，使开挖的洞径达到最大，可能的情况下安装扩挖刀具，适当扩大洞径，减小因围岩收缩卡住刀盘的可能。

（3）TBM 开挖通过后，在出露的岩石洞段及时进行初期支护作业，保证支护的质量，特别是锚杆和喷射混凝土的质量，并在隧洞洞壁施工应力释放孔，减少隧洞中应力集中，降低收缩变形量。

四、TBM 接收与拆卸

（一）TBM 接收

根据地质条件，确定 TBM 接收段掘进长度。加强接收段掘进操作控制的目的，一是复核掘进方向，利用接收段加强方向控制，确保贯通精度；二是加强管片拼装控制，确保管片拼装精度。

1. TBM 接收准备工作

（1）拆卸洞室接收基座施工

拆卸洞室必须在 TBM 贯通前完工并达到规定的强度，拆卸洞室施工的同时，施作 TBM 接收基座。

①接收基座的轨面标高应适应 TBM 姿态，确保贯通后 TBM 轴线与隧道轴线一致，避免刀盘出现大的低头或抬头而损坏管片。

②为保证刀盘贯通后拼装管片有足够的反力，接收过程中在预埋钢轨上焊接挡块，根据管片宽度，挡块间距约为 1.5 m。

（2）TBM 姿态调整

TBM 贯通前 100 m、50 m、30 m，要对洞内所有的测量控制点进行复测，确认 TBM 姿态，如掘进里程、轴线坡度等。根据测量数据对 TBM 姿态及时调整，从而保证贯通位置准确。

2. 接收段掘进与管片拼装

接收段掘进与管片拼装需要注意以下几方面：

（1）加强掘进方向控制。

（2）接收段，特别是贯通前 5~10 m，降低推进力、推进速度，尽量减小对围岩的扰动。

（3）为防止因刀盘反力不足引起管片环缝接触松弛、张开并造成漏水，贯通前最后10 环管片，每环管片拼装完成后，需要将前后管片沿纵向连接为整体，以增强管片的稳定性。连接点基本控制在时钟 12 点、3 点、6 点、9 点四个位置，在相应位置的管片注浆孔加装钢板，将连接杆焊接在钢板上，连接杆之间用螺纹紧线器连接，以便调整连接杆拉力。

3. 贯通后管片拼装

TBM 贯通后，由于刀盘失去了掌子面的反力，可能造成管片拼装接缝不严，因此采取在刀盘前方焊接挡块增加阻力的方法。其具体操作步骤如下：

（1）刀盘向前推进一个掘进循环的距离。

（2）在接收基座预埋钢轨上焊接挡块。

（3）开始拼装管片，则辅助推进油缸顶紧管片时刀盘也抵住挡块，从而为管片拼装提供反力。

（4）管片拼装完毕，用连接杆与螺纹紧线器将本环管片与前面的环管片纵向连接并紧固。

（5）割除焊接于钢轨上的挡块，并打磨平整，以利于主机在钢轨上滑行。

（6）开始下一个循环的滑行。

（二）TBM 拆卸

TBM 到达拆卸洞室后，将主机和后配套分离，边拆边采用无轨方式将部件从出口支洞运输出洞。先拆卸主机部分，再逐步将后配套推进至拆卸洞室，逐节推进逐节拆卸。

1. 拆卸准备

TBM 设备复杂，拆卸前的准备工作必须充分，具体包括以下方面：

（1）拆卸洞室施工。拆卸洞室设计为伽钉形，洞内安装 2×50 t 桥吊。

（2）拆卸用设备、机具准备。完成 TBM 拆卸用 2×50 t 桥吊的安装调试，确保其性能满足拆卸需要；同时，准备好拆卸需要的专用与通用工具、设备、消防设施，并提前对使用操作人员进行培训，使之能熟练掌握运用此类工具、设备、设施。拆前对桥吊的功能状况以及拆卸洞内的其他设备、设施进行检查，确认其性能满足拆卸的要求。

（3）拆卸洞室供电、照明准备。拆卸用电从隧洞进口引入，洞内设配电箱；合理设置照明，满足拆卸要求。

（4）TBM 拆卸前的标志。拆卸之前，根据各系统特点，制订电气、液压、结构件等的标志方案并实施，同时认真记录存档。TBM 贯通前再次检查标志是否完整、准确，如有缺损或错误，及时补充或修改。

（5）拆卸前设备功能的检测。拆卸之前需要对 TBM 的重要部件、设备的功能进行检测。包括驱动装置、推进和支撑装置、电气和液压系统、主轴承和刀盘的各项重要性能参数要认真进行记录。

（6）准备运输方案。根据边拆卸边运输的原则，按照拆卸顺序配置相应的运输车辆，并做好运输的各项准备工作。

2. 主机的拆卸

（1）拆卸顺序

①确定 TBM 各个部件处于拆卸位置，断开主机和后配套连接桥之间的连接并对连接桥加以可靠的支撑。

②确保各个用电器电源已断开，检查释放液压系统、压缩空气系统的残存压力。

③首先进行液压、电气系统和辅助设备（如超前钻机）的拆卸。

④在进行液压、电气系统拆卸的同时，进行各关键部件如刀盘、盾体、推进系统、主轴承附属件的拆卸和大件吊装位置吊具的安装。

⑤对拆卸工作比较复杂烦琐的部件，如刀盘，要考虑将它的固定连接件和其他系统的拆卸同时进行，以减少拆卸的时间。

⑥关键部件的附属件拆卸完成后，开始依次进行刀盘、盾体、主轴承、支撑调向系统、推进系统的拆卸。

⑦在主机拆卸的同时，根据施工现场的条件合理安排其他位置系统的拆卸。

⑧根据预先制订的运输方案，及时将拆卸完成的部件运输到洞外指定位置。

（2）拆卸流程

主机拆卸过程中，边拆卸边运输，尽量减少已经拆卸的部件在拆卸洞室内的停留时间，为后序拆卸工作创造空间。

3. 注意事项

（1）所有起吊设备、工具的使用、操作必须依照起重设备的操作规范。

（2）拆卸专用工具的使用必须符合 TBM 有关技术文件的要求。

（3）施工人员必须经过岗前培训和安全教育，并设专职安全员。

（4）电气设备的使用必须有可靠的防触电、漏电等的措施。

（5）现场必须有足够的消防设备。

（6）拖出时一定要准备安全保障设备跟随拖运。

第七章　爆破工程施工技术

第一节　爆破工程概述

爆破工程是指利用炸药进行土、石方开挖，基础、建筑物、构筑物的拆除或破坏的一种施工方法。

一、分类

根据爆破对象和爆破作业环境的不同，爆破工程可以分为以下几类：

（一）岩土爆破

岩土爆破是指以破碎和抛掷岩土为目的的爆破作业，如矿山开采爆破、路基开挖爆破、巷（隧）道掘进爆破等。岩土爆破是最普通的爆破技术。

（二）拆除爆破

拆除爆破是指采取控制有害效应的措施，以拆除地面和地下建筑物、构筑物为目的的爆破作业，如爆破拆除混凝土基础，烟囱、水塔等高耸构筑物，楼房、厂房等建筑物等。拆除爆破的特点是爆区环境复杂，爆破对象复杂，起爆技术复杂。要求爆破作业必须有效地控制有害效应，有效地控制被拆建（构）筑物的坍塌方向、堆积范围、破坏范围和破碎程度等。

（三）金属爆破

金属爆破是指爆破破碎、切割金属的爆破作业。与岩石相比，金属具有密度大、波阻抗高、抗拉强度高等特点，给爆破作业带来很大的困难和危险因素，因此金属爆破要求更可靠的安全条件。

（四）爆炸加工

爆炸加工是指利用炸药爆炸的瞬态高温和高压作用，使物料高速变形、切断、相互复合（焊接）或物质结构相变的加工方法，包括爆炸成型、焊接、复合、合成金刚石、硬化与强化、烧结、消除焊接残余应力、爆炸切割金属等。

（五）地震勘探爆破

地震勘探爆破是利用埋在地下的炸药爆炸释放出的能量在地壳中产生的地震波来探测地质构造和矿产资源的一种物探方法。炸药在地下爆炸后在地壳中产生地震波，当地震波在岩石中传播遇到岩层的分界面时便产生反射波或折射波，利用仪器将返回地面的地震波记录下来，根据波的传播路线和时间，确定发生反射波或折射波的岩层界面的埋藏深度和产状，从而分析地质构造及矿产资源情况。

（六）油气井爆破

钻完井后，经过测井，确定地下含油气层的准确深度和厚度，在井中下钢套管，将水泥注入套管与井壁之间的环形空间，使环形空间全部封堵死，防止井壁坍塌，不同的油气层和水层之间也不会互相窜流。为了使地层中油气流到井中，在套管、水泥环及地层之间形成通道，需要进行射孔爆破。一般条件下应用聚能射孔弹进行射孔，起爆时，金属壳在锥形中轴线上形成高速金属粒子流，速度可达6000～7000 m/s，具有强大的穿透力，能将套管、水泥环射透并射进地层一定深度，形成通道，使地层中的油气流到井中。

（七）高温爆破

高温爆破是指高温热凝结构爆破，在金属冶炼作业中，由于某种原因，常常会在炉壁或底部产生炉瘤和凝结物，如果不及时清理，将会大大缩小炉膛的容积，影响冶炼正常生产。用爆破法处理高温热凝结构时，由于冶炼停火后热凝结构温度依然很高，可达800～1000 ℃，必须采用耐高温的爆破材料，采用普通爆破材料时必须做好隔热和降温措施。爆破时还应保护炉体等，对爆破产生的振动、空气冲击波和飞散物进行有效控制。

（八）水下爆破

凡爆源置于水域制约区内与水体介质相互作用的爆破统称为水下爆破，包括近水面爆破、浅水爆破、深水爆破、水底裸露爆破、水底钻孔爆破、水下硐室爆破及挡水体爆破等。由于水下爆破的水介质特性和水域环境与地面爆破条件不同，因此爆破作用特性、爆破物理现象、爆破安全条件和爆破施工方法等与地面爆破有很大差异。水下爆破技术广泛用于航道疏通、港口建设、水利建设等诸多领域。

（九）其他爆破

其他爆破包括农林爆破、人体内结石爆破、森林灭火爆破等。

二、理论

装药在空气中、水中爆炸作用的理论基础是流体动力学。对于球形、圆柱形和平板状装药，爆炸荷载通常只按一维问题考虑。空气中接触爆破，研究装药爆炸后爆轰波作用于紧贴固壁的压力和冲量。空气中非接触爆破，研究装药对不同距离目标的破坏、杀伤作用。水中爆破，主要研究冲击波、气泡和二次压力波对目标的破坏作用。

装药在土石中的爆破理论，基于人们对爆破现象和机理的不同认识，有多种观点，大体可归纳为三类：

能量平衡理论观点认为，内部装药爆炸所产生的能量，主要作用是克服土石介质自重和分子间黏聚力；在平地爆破形成的漏斗坑容积与装药量成正比。当只有一个自由面，要求爆破后形成的漏斗坑有一定的直径和深度时（平地抛掷爆破），所需装药量与最小抵抗线（装药中心至自由面的最短距离）的三次方成正比，并与炸药品种、土石类别、填塞条件等因素有关。当有两个自由面时（露天采石爆破），如最小抵抗线不大，所需装药量与最小抵抗线的二次方成正比；如最小抵抗线较大，所需装药量与最小抵抗线的三次方成正比；其他影响因素与一个自由面相同。

流体动力学理论观点认为，将土石介质看作不可压缩的理想流体，认为内部装药爆炸所产生的能量，可在瞬间传给周围介质使之运动，故可引用流体动力学基本理论和运动方程解决爆破参数的计算问题，由此，推导得出土石方爆破药量的计算公式。

应力波和气体共同作用理论观点认为，内部装药爆炸所产生的高温高压气体，猛烈冲击周围土石，从而在岩体中激起呈同心球状传播的应力波，产生巨大压力，当压力超过土石强度时，土石即被破坏。应力波属动态作用，开始以冲击波形式出现，经做功后衰减为弹性波。爆炸气体的膨胀过程近似静态作用，主要加强土石质点径向移动，并促使初始裂缝扩展。因此，根据土石性质的差异，采用相应合理的技术措施，就能有效地满足不同的爆破要求。

三、爆破过程

爆破明确的发展过程。最简单的是单个集中药包的土石抛掷爆破，其发展过程大致可分为应力波扩展阶段、鼓包运动阶段和抛掷回落阶段。

（一）应力波扩展阶段

在高压爆炸产物的作用下，介质受到压缩，在其中产生向外传播的应力波。同时，药室中爆炸气体向四周膨胀，形成爆炸空腔。空腔周围的介质在强高压的作用下被压实或破碎，进而形成裂缝。介质的压实或破碎程度随距离的增大而减轻。应力波在传播过程中逐渐衰减，爆炸空腔中爆炸气体压力随爆炸空腔的增大也逐渐降低。应力波传到一定距离时就变成一般的塑性波，即介质只发生塑性变形，一般不再发生断裂破坏。应力波进一步衰变成弹性波，相应区域内的介质只发生弹性变形。从爆心起直到这个区域，称为爆破作用范围，再往外是爆破引起的地震作用范围。

（二）鼓包运动阶段

如药包的埋设位置同地表距离不太大，应力波传到地表时尚有足够的强度，发生反射后，就会造成地表附近介质的破坏，产生裂缝。此后，应力波在地表和爆炸空腔间进行多次复杂的反射和折射，会使由空腔向外发展的裂缝区和由地表向里发展的裂缝区彼此连通，形成一个逐渐扩大的破坏区。在裂缝形成过程中，爆炸产物会渗入裂缝，加大裂缝的发展，影响这一破坏区内介质的运动状态。如果破坏区内的介质尚有较大的运动速度，或爆炸空腔中尚有较大的剩余压力，则介质会不断向外运动，地表面不断鼓出，形成所谓鼓包。由各瞬时鼓包升起的高度可求出鼓包运动的速度。

（三）抛掷回落阶段

在鼓包运动过程中，尽管鼓包体内介质已破碎，裂缝很多，但裂缝之间尚未充分连通，仍可把介质看作连续体。随着发展，裂缝之间逐步连通并终于贯通直到地表。于是，鼓包体内的介质便分块做弹道运动，飞散出去并在重力作用下回落。鼓包体内介质被抛出后，地面形成一个爆坑。

四、安全措施

（1）进入施工现场的所有人员必须戴好安全帽。

（2）人工打炮眼的施工安全措施。

①打眼前应对周围松动的土石进行清理，若用支撑加固时，应检查支撑是否牢固。

②打眼人员必须精力集中，锤击要稳、准，并击入钎中心，严禁互相面对面打锤。

③随时检查锤头与柄连接是否牢固，严禁使用木质松软，有节疤、裂缝的木柄，铁柄和锤平整，不得有毛边。

（3）机械打炮眼的安全措施。

①操作中必须精力集中，发现不正常的声音或振动，应立即停机进行检查，并及时排除故障，才准继续作业。

②换钎、检查风钻加油时，应先关闭风门，才准进行。在操作中不得碰触风门，以免发生伤亡事故。

③钻眼机具要扶稳，钻杆与钻孔中心必须在一条直线上。

④机具运转过程中，严禁用身体支撑风钻的转动部分。

⑤经常检查风钻有无裂纹，螺栓孔有无松动，长套和弹簧有无松动、是否完整，确认无误后才可使用，工作时必须戴好风镜、口罩和安全帽。

第二节　岩土分类

一、岩石的分类

（一）岩石按成因分类

1. 岩浆岩

花岗岩-花岗斑岩-流纹岩（酸性岩），正长岩-正长斑岩-粗面岩（中酸性岩），闪长岩-闪长珍岩-安山岩（中性岩），辉长岩-辉绿岩-玄武岩（基性岩），橄榄岩（辉岩）-苦橄玢岩-苦橄岩（金伯利岩）-（超基性岩）。

2. 沉积岩

碎屑沉积岩（砾岩、砂岩、泥岩、页岩、黏土岩、灰岩、集块岩），化学沉积岩（硅华、遂石岩、石髓岩、泥铁石、灰岩、石钟乳、盐岩、石膏），生物沉积岩（硅藻土、油页岩、白云岩、白垩土、煤炭、磷酸盐岩）。

3. 变质岩

片状类（片麻岩、片岩、千枚岩、板岩），块状类（大理岩、石英岩）。

（二）岩石按坚硬程度分类

极破碎时可不进行坚硬程度划分。

1. 坚硬岩 fr>60（未风化至微风化的花岗岩、闪长岩、辉长岩、片麻岩、石英岩、石英砂岩、硅质砾岩、硅质石灰岩等）；

2. 较硬岩 60>fr>30（微风化的坚硬岩；未风化至微风化的大理岩、板岩、石灰岩、白云岩、钙质砂岩）；

3. 较软岩 30>fr>15（中风化至强风化的坚硬岩；未风化至微风化的凝灰岩、千枚岩、泥灰岩、砂质泥岩)；

4. 软岩 15>fr>5（强风化的坚硬岩；中风化至强风化的较软岩；未风化至微风化的页岩、泥岩、泥质砂岩)；

5. 极软岩牧 5（全风化；半成岩)。

(三) 岩体按完整程度分类

岩体完整性指数 K_v

$$K_v = \left(\frac{V_{pm}}{V_{pr}}\right)^2$$

式中：

K_v 为岩体完整性指数；

V_{pm} 为岩体纵波速度；

V_{pr} 为室内岩石（块）纵波速度

岩体完整程度分级为五级，以此为完整、较完整、完整性差、较破碎、破碎。

1. 完整 K_v >0. 75，整体状或巨厚层状结构；

2. 较完整 0. 75~0. 55，块状或厚层状结构、块状结构；

3. 较破碎 0. 55~0. 350，裂隙块状或中厚层状结构、镶嵌碎裂结构，中、薄层状结构；

4. 破碎 0. 35~0. 15，裂隙块状结构、碎裂结构；

5. 极破碎<0. 15，散体状结构。

(四) 岩体结构类型

1. 整体状：巨块状，结构面间距大于 1. 5 m，一般由 1~2 组，无危险结构面组成的落石、掉块；

2. 块状：块状、柱状，结构面间距 0. 7~1. 5 m，一般由 2~3 组，有少量分离体；

3. 层状：层状、板状，层理、片理、节理裂隙，但以风化裂隙为主，常有层间错动。多韵律的薄层及中厚层状沉积岩、副变质岩等；

4. 破裂状（碎裂)：碎块状，结构面间距 0. 25~0. 5 m，一般在 3 组以上，有许多分离体，构造影响严重的岩层；

5. 散体状：碎屑状，断层破碎带、强风化及全风化。

二、岩土工程勘察分级

岩土工程勘察等级应根据工程安全等级、场地等级和地基等级综合分析确定。

（一）工程安全等级确定

安全等级	破坏后果	工程类型
一级	很严重	重要工程
二级	严重	一般工程
三级	不严重	次要工程

（二）场地等级的确定

1. 符合下列条件之一者为一级场地

（1）对建筑抗震危险的地段。

（2）不良地质现象强烈发育。

（3）地质环境已经或可能受到强烈破坏。

（4）地形地貌复杂。

2. 符合下列条件之一者为二级场地

（1）对建筑抗震不利的地段。

（2）不良地质现象一般发育。

（3）地质环境已经或可能受到一般破坏。

（4）地形地貌较复杂。

3. 符合下列条件之一者为三级场地

（1）地震设防烈度等于或小于 6 度，或对建筑抗震有利的地段。

（2）不良地质现象不发育。

（3）地质环境基本未受破坏。

（4）地形地貌简单。

（三）地基等级的确定

1. 符合下列条件之一者为一级地基

①岩土种类多，性质变化大，地下水对工程影响大，且须特殊处理。

②多年冻土、湿陷、膨胀、盐渍、污染严重的特殊性岩土，以及其他情况复杂，须做专门处理的岩土。

2. 符合下列条件之一者为二级地基

①岩土种类较多，性质变化较大，地下水对工程有不利影响。

②除第一款规定以外的特殊性岩土。

3. 符合下列条件之一者为三级地基

①岩土种类单一，性质变化不大，地下水对工程无影响。

②无特殊性岩土。

（四）岩土工程勘察等级的确定

<table>
<tr><th rowspan="2">勘察等级</th><th colspan="3">确定勘察等级的条件</th></tr>
<tr><th>工程安全等级</th><th>场地等级</th><th>地基等级</th></tr>
<tr><td rowspan="3">一级</td><td>一级</td><td>任意</td><td>任意</td></tr>
<tr><td rowspan="2">二级</td><td>一级</td><td>任意</td></tr>
<tr><td>任意</td><td>一级</td></tr>
<tr><td rowspan="5">二级</td><td rowspan="2">二级</td><td>二级</td><td>二级或三级</td></tr>
<tr><td>三级</td><td>二级</td></tr>
<tr><td rowspan="3">三级</td><td>一级</td><td>任意</td></tr>
<tr><td>任意</td><td>一级</td></tr>
<tr><td></td><td>二级</td></tr>
<tr><td rowspan="3">三级</td><td>二级</td><td>三级</td><td>三级</td></tr>
<tr><td rowspan="2">三级</td><td>二级</td><td>三级</td></tr>
<tr><td>三级</td><td>二级或三级</td></tr>
</table>

（五）初步勘察阶段勘探线、勘探点间距的确定

岩土工程勘察等级	线距（米）	点距（米）
一级	50～100	30～50
二级	75～150	40～100
三级	150～300	75～200

（六）详细勘察阶段勘探点间距的确定

一级	15～35
二级	25～45
三级	40～65

第三节 爆破原理

一、岩石炸药单耗确定原理和方法

岩石名称	岩体特征	f 值	K（kg/m³）	
			松动	抛掷
各种土	松软的 坚实的	<1.0 1~2	03~0.4 0.4~0.5	1.0–1.1 1.1~1.2
土夹石	密实的	1~4	0.4~0.6	1.2~1.4
页岩、千枚岩	风化破碎完整、风化轻微	2~4 4~6	0.4~0.5 0.5~0.6	1.0~1.2 1.2~1.3
板岩、泥灰岩	泥质，薄层，层面张开，较破碎较完整，层面闭合	3~5 5~8	0.4~0.6 0.5~0.7	1.1~1.3 1.2~1.4
沙岩	泥质胶结，中薄层或风化破碎者钙质胶结，中厚层，中细粒结构，裂隙不甚发育硅质胶结，石英质砂岩，厚层，裂隙不发育，未风化	4~6 7~8 9~14	0.4~0.5 0.5~0.6 0.6~0.7	1.4~1.2 13~1.4 1.4~1.7
砾岩	胶结较差，砾石以沙岩或较不坚硬的岩石为主胶结好，以较坚硬的砾石组成，未风化	5~8 9~12	0.5~0.6 0.6~0.7	1.2~1.4 1.4~1.6
白云岩、大理岩	节理发育，较疏松破碎，裂隙频率大于4条/m完整、坚实的	5~8 9~12	0.5~0.6 0.6~0.7	1.2~1.4 1.5~1.6
石灰岩	中薄层，或含泥质的，或颈状、竹叶状结构的及裂隙较发育的厚层、完整或含硅质、致密的	6~8 9~15	0.5~0.6 0.6~0.7	1.3~1.4 1.4~1.7
花岗岩	风化严重，节理裂隙很发育，多组节理交割，裂隙频率大于5条/m 风化较轻，节理不甚发育或未风化的伟晶粗晶结构细晶均质结构，未风化，完整致密岩体	4~6 7~12 12~20	0.4~0.6 0.6~0.7 0.7~0.8	1.1~1.3 1.3~1.6 1.6~1.8

续表

岩石名称	岩体特征	f值	K（kg/m³）	
			松动	抛掷
流纹岩、粗面岩、蛇纹岩	较破碎的	6~8	0.5~0.7	1.2~1.4
	完整的	9~12	0.7~0.8	1.5~1.7
片麻岩	片理或节理裂隙发育的	5~8	0.5~0.7	1.2~1.4
	完整坚硬的	9~14	0.7~0.8	1.5~1.7
正长岩、闪长岩	较风化，整体性较差的	8~12	0.5~0.7	1.3~1.5
	未风化，完整致密的	12~18	0.7~0.8	1.6~1.8
石英岩	风化破碎，裂隙频率>5 条/m	5~7	0.5~0.6	1.1~1.3
	中等坚硬，较完整的	8~14	0.6~0.7	1.4~1.6
	很坚硬完整致密的	14~20	0.7~0.9	1.7~2.0
安山岩、玄武岩	受节理裂隙切割的	7~12	0.6~0.7	1.3~1.5
	完整坚硬致密的	12~20	0.7~0.9	1.6~2.0
辉长岩、辉绿岩、橄榄岩	受节理裂隙切割的	8~14	0.6~0.7	1.4~1.7
	很完整很坚硬致密的	14~25	0.8~0.9	1.8~2.1

二、爆破漏斗试验法

最小抵抗线原理：药包爆炸时，爆破作用首先沿着阻力最小的地方，使岩（土）产生破坏，隆起鼓包或抛掷出去，这就是作为爆破理论基础的“最小抵抗线原理”。

药包在有限介质内爆破后，在临空一面的表面上会出现一个爆破坑，一部分炸碎的土石被抛至坑外，一部分仍落在坑底。由于爆破坑形状似漏斗，所以称为爆破漏斗。若在倾斜边界条件下，则会形成卧置的椭圆锥体。

当地面坡度等于零时，爆破漏斗成为倒置的圆锥体。mDl 称为可见的爆破漏斗，其体积 VmDl 与爆破漏斗 VmOl 之比的百分数 E0，称为平坦地形的抛掷率；r0（漏斗口半径）与 W（最小抵抗线）的比值 *n* 称为平地爆破作用指数。

当 r0 = W 时，n = 1，称为标准抛掷爆破。在水平边界条件下，其抛掷率 E = 27%。标准抛掷漏斗的顶部夹角为直角。

当 *r0* > *W*，则 *n* > 1，称为加强抛掷爆破。抛掷率>27%。漏斗顶部夹角大于 90°。

当 r0 < W，则 n < 1，称为减弱抛掷爆破。抛掷率 < 27%。漏斗顶部夹角小于 90°。

实践证明，当 n < 0.75 时，不能形成显著的漏斗，不发生抛掷现象，岩石只能发生松动和隆起。通常将 n = 0.75 时称为标准松动爆破，n < 0.75 称为减弱松动爆破。

装药量是工程爆破中一个最重要的参量。装药量确定得正确与否直接关系列爆破效果和经济效益。尽管这个参量是如此重要，但是由于岩石性质和爆破条件的多变性，炸药爆轰反应和岩石破碎过程的复杂性，因此，一直到现在尚没有一个比较精确的理论计算公式。

长期以来，人们一直沿用着在生产实践中积累的经验而建立起来的经验公式。常用的经验公式是体积公式，它的原理是装药量的大小与岩石对爆破作用力的抵抗程度成正比。这种抵抗力主要是重力作用。根据这个原理，可以认为，岩石对药包爆破作用的抵抗是重力抵抗作用，实际上就是被爆破的那部分岩石的体积，即装药量的大小应与被爆破的岩石体积成正比。此即所谓体积公式的计算原理。这个公式在工程爆破中应用得比较广泛，体积公式的形式为：

$$Q = q \cdot V \tag{7-1}$$

式中，Q ——装药量，kg；

q ——单位体积岩石的炸药消耗量，kg/m^3；

V ——被爆破的岩石体积，m^3。

（1）集中药包的计算

集中药包的计算原理仍然是利用体积公式的计算原理，首先从计算能形成标准抛掷漏斗的装药量出发，根据几何相似原理，来计算在形成非标准抛掷漏斗的情况下的装药量。

按照标准抛掷爆破，它的装药量可按照下式来计算：

$$Q标 = q标 \cdot V \tag{7-2}$$

Q 标 ——形成标准抛掷漏斗的装药量，kg；

q 标——形成标准抛掷漏斗的单位体积岩石的炸药消耗量，kg/m^3；

V ——标准抛掷漏斗的体积，m^3。其大小是：

$$V = \frac{1}{3}\pi \cdot \gamma^2 W \tag{7-3}$$

γ ——爆破漏斗底圆半径，m；

W ——最小抵抗线，m。

对标准抛掷爆破漏斗来说，$\gamma = W$

所以，$V = \frac{\pi}{3} \cdot W^2 \cdot W \approx W^3$

得

$$Q_{标} = q_{标} \cdot W^3 \tag{7-4}$$

根据相似原理，在某一特定的均质岩石中，采用性质和形状相同的炸药包进行爆破漏斗试验时，欲获得大小和形状都相似的爆破漏斗，那么装药量和爆破漏斗尺寸间存在下面的关系：

$$\frac{W_2}{W_1}=\frac{r_2}{r_1}=\left(\frac{Q_2}{Q_1}\right)^{1/3} \tag{7-5}$$

试验还证明，在岩石性质、炸药品种和药包埋置深度均相同的情况下，改变装药量 Q 的大小即可获得爆破作用指数不同的爆破漏斗。此外，单位体积炸药消耗量随着爆破作用指数的不同而变化。因此，装药量可视为爆破作用指数 n 的函数。故各种不同爆破作用的装药量的计算通式可用下式来表示：

$$Q=f(n)q_{标}\cdot W^3 \tag{7-6}$$

式中，$f(n)$ ——爆破作用指数函数。

对于标准抛掷爆破 $f(n)=1.0$；加强抛掷爆破 $f(n)>1$；减弱抛掷爆破 $f(n)<1$。

关于 $f(n)$ 的计算方法，各个研究者提出了不同的计算公式，而应用比较广泛的是苏联学者鲍列斯阔夫提出的计算公式，该式为：

$$f(n)=0.4+0.6n^3 \tag{7-7}$$

故抛掷爆破的装药量的计算式为：

$$Q_{抛}=f(n)q_{标}\cdot W^3=(0.4+0.6n^3)\cdot q_{标}\cdot W^3 \tag{7-8}$$

上式用来计算加强抛掷爆破的装药量是比较合适的。根据我国工程爆破的实践证明，当最小抵抗线大于 25m 时，用此式计算出来的装药量偏小，应按下式进行修正。

$$Q_{抛}=(0.4+0.6n^3)\cdot q_{标}\cdot W^3\cdot\sqrt{\frac{W}{25}} \tag{7-9}$$

对于松动爆破，

$$f(n)=\frac{1}{2}\sim\frac{1}{3} \tag{7-10}$$

故松动爆破的装药量为：

$$Q_{抛}=f(n)q_{标}\cdot W^3=(0.33\sim0.5)q_{标}\cdot W^3 \tag{7-11}$$

上述各式中的 q 标值，应考虑各方面的因素来慎重确定，一般可查国家定额或设计手册，也可参考类似的工程爆破的经验数据。最好在要爆破的岩石中进行标准抛掷爆破的漏斗试验，以取得可靠的数据。

第四节　爆破方法

一、孔眼爆破

根据孔径的大小和孔眼的深度，可分为浅孔爆破法和深孔爆破法。前者孔径小于

75 mm，孔深小于 5 m；后者孔径大于 75 mm，孔深大于 5 m。前者适用于各种地形条件和工作面的情况，有利于控制开挖面的形状和规格，使用的钻孔机具较简单，操作方便，但生产效率低，孔耗大，不适合大规模的爆破工程。而后者恰好弥补了前者的缺点，适用于料场和基坑规模大、强度高的采挖工作。

（一）炮孔布置原则

无论是浅孔还是深孔爆破，施工中均须形成台阶状以合理布置炮孔，充分利用天然临空面或创造更多的临空面。这样不仅有利于提高爆破效果，降低成本，也便于组织钻孔、装药、爆破和出渣的平行流水作业，避免干扰，加快进度。布孔时，宜使炮孔与岩石层面和节理面正交，不宜穿过与地面贯穿的裂缝，以防漏气，影响爆破效果。深孔作业布孔，尚应考虑不同性能挖掘机对掌子面的要求。

（二）改善深孔爆破的效果的技术措施

一般开挖爆破要求岩块均匀，大块率低；形成的台阶面平整，不留残坦；较高的钻孔延米爆落量和较低的炸药单耗。改善深孔爆破效果的主要措施有以下几方面：

1. 合理利用或创造人工自由面

实践证明，充分利用多面临空的地形，或人工创造多面临空的自由面，有利于降低爆破单位耗药量。适当增加梯段高度或采用斜孔爆破，均有利于提高爆破效率。平行坡面的斜孔爆破，由于爆破时沿坡面的阻抗大体相等，且反射拉力波的作用范围增大，通常可比竖孔的能量利用率提高 50%。斜孔爆破后边坡稳定，块度均匀，还有利于提高装渣效率。

2. 改善装药结构

深孔爆破多采用单一炸药的连续装药，且药包往往处于底部、孔口不装药段较长，导致大块的产生。采用分段装药虽增加了一定施工难度，但可有效降低大块率；采用混合装药方式，即在孔底装高威力炸药、上部装普通炸药，有利于减少超钻深度；在国内外矿山部门采用的空气间隔装药爆破技术，也证明是一种改善爆破破碎效果、提高爆炸能量利用率的有效方法。

3. 优化起爆网路

优化起爆网路对提高爆破效果，减轻爆破震动危害起着十分重要的作用。选择合理的起爆顺序和微差间隔时间对于增加药包爆破自由面，促使爆破岩块相互撞击以减小块度，防止爆破公害具有十分重要的作用。

4. 采用微差挤压爆破

微差挤压爆破是指爆破工作面前留有渣堆的微差爆破。由于留有渣堆，从而促使爆岩在运动过程中相互碰撞，前后挤压，获得进一步破碎，改善了爆破效果。微差挤压爆破可用于料场开挖及工作面小、开挖区狭长的场合如溢洪道、渠道开挖等。它可以使钻孔和出渣作业互不干扰，平行连续作业，从而提高工作效率。

5. 保证堵塞长度和堵塞质量

实践证明，当其他条件相同时，堵塞良好的爆破效果及能量利用率较堵塞不良的场合可以大幅提高。

二、光面爆破和预裂爆破

20 世纪 50 年代末期，由于钻孔机械的发展，出现了一种密集钻孔小装药量的爆破新技术。在露天堑壕、基坑和地下工程的开挖中，使边坡形成比较陡峻的表面，使地下开挖的坑道面形成预计的断面轮廓线，避免超挖或欠挖，并能保持围岩的稳定。

实现光面爆破的技术措施有两种：一是开挖至边坡线或轮廓线时，预留一层厚度为炮孔间距 1.2 倍左右的岩层，在炮孔中装入低威力的小药卷，使药卷与孔壁间保持一定的空隙，爆破后能在孔壁面上留下半个炮孔痕迹；另一种方法是先在边坡线或轮廓线上钻凿与壁面平行的密集炮孔，首先起爆以形成一个沿炮孔中心线的破裂面，以阻隔主体爆破时地震波的传播，还能隔断应力波对保留面岩体的破坏作用，通常称预裂爆破。这种爆破的效果无论在形成光面或保护围岩稳定，均比光面爆破好，是隧道和地下厂房以及路堑和基坑开挖工程中常用的爆破技术。

三、定向爆破

定向爆破是利用最小抵抗线在爆破作用中的方向性这个特点，设计时利用天然地形或人工改造后的地形，使最小抵抗线指向需要填筑的目标。这种技术已广泛地应用在水利筑坝、矿山尾矿坝和填筑路堤等工程上。它的突出优点是在极短时期内，通过一次爆破完成土石方工程挖、装、运、填等多道工序，节约大量的机械和人力，费用省，工效高；缺点是后续工程难以跟上，而且受到某些地形条件的限制。

四、控制爆破

不同于一般的工程爆破，对由爆破作用引起的危害有更加严格的要求，多用于城市或人口稠密、附近建筑物群集的地区拆除房屋、烟囱、水塔、桥梁以及厂房内部各种构筑物基座的爆破，因此，又称拆除爆破或城市爆破。

控制爆破所要求控制的内容是：

①控制爆破破坏的范围，只爆破建筑物需要拆除的部位，保留其余部分的完整性；

②控制爆破后建筑物的倾倒方向和坍塌范围；

③控制爆破时产生的碎块飞出距离，空气冲击波强度和音响的强度；

④控制爆破所引起的建筑物地基震动及其对附近建筑物的震动影响，也称爆破地震效应。

爆破飞石、滚石控制。产生爆破飞石的主要原因是对地质条件调查不充分、炸药单耗太大或偏小造成冲炮、炮孔偏斜抵抗线太小、防护不够充分、毫秒起爆网路安排特别是排间毫秒延迟时间安排不合理造成冲炮等。监理工程师会同施工单位爆破工程师，现场严格要求施工人员按爆破施工工艺要求进行爆破施工，并考虑采取以下措施：

①严格监督对爆破飞石、滚石的防护和安全警戒工作，认真检查防护排架、保护物体近体防护和爆区表面覆盖防护是否达到设计要求，人员、机械的安全警戒距离是否达到了规程的要求，等等。

②对爆破施工进行信息化管理，不断总结爆破经验、教训，针对具体的岩体地质条件，确定合理的爆破参数。严格按设计和具体地质条件选择单位炸药消耗量，保证堵塞长度和质量。

③爆破最小抵抗线方向应尽量避开保护物。

④确定合理的起爆模式和延迟起爆时间，尽量使每个炮孔有侧向自由面，防止因前排带炮而造成后排最小抵抗线大小和方向失控。

⑤钻孔施工时，如发现节理、裂隙发育等特殊地质构造，应积极会同施工单位调整钻孔位置、爆破参数等；爆破装药前验孔，特别要注意前排炮孔是否有裂缝、节理、裂隙发育，如果存在特殊地质构造，应调整装药参数或采用间隔装药形式、增加堵塞长度等措施；装药过程中发现装药量与装药高度不符时，应说明该炮孔可能存在裂缝并及时检查原因，采取相应措施。

⑥在靠近建（构）筑物、居民区及社会道路较近的地方实施爆破作业，必须根据爆破区域周围环境条件，采取有效的防护措施。常用的飞石、滚石安全防护方法包括：a. 立面防护。在坡脚、山体与建筑物或公路等被保护物间搭设足够高度的防护排架进行遮挡防护，在坡脚砌筑防滚石堤或挖防滚石沟。b. 保护物近体防护。在被保护物表面或附近空间用竹排、沙袋或铁丝网等进行防护。c. 爆区表面覆盖防护。根据爆区距离保护物的远近，可采用特种覆盖防护、加强覆盖防护、一般防护等。

⑦由于本工程有多处陡壁悬崖，要及时清理山体上的浮石、危石，确保施工安全。

五、松动爆破

松动爆破技术是指充分利用爆破能量，使爆破对象成为裂隙发育体，不产生抛掷现象的一种爆破技术，它的装药量只有标准抛掷爆破的40%~50%。松动爆破又分普通松动及加强松动爆破。松动爆破后岩石只呈现破裂和松动状态，可以形成松动爆破漏斗，爆破作用指数 n≤0.75。该项技术已广泛应用于各类工程爆破之中，并取得了显著的经济效益。在煤炭开采中，松动爆破为多种采煤方法的应用起助采作用，属于助采工艺，因此，研究松动爆破技术对于提高煤炭开采效果具有重要意义。

松动爆破是炸药爆炸时，岩体被破碎松动但不抛掷，它的装药量只有标准抛掷爆破的40%~50%。松动爆破的爆堆比较集中，对爆区周围未爆部分的破坏范围较小。

（一）爆破机理

1. 煤岩体松动爆破的机理

由钻孔爆破学可知，钻孔中的药卷（包）起爆后，爆轰波就以一定的速度向各个方向传播，爆轰后的瞬间，爆炸气体就已充满整个钻孔。爆炸气体的超压同时作用在孔壁上，压力将达几千到几万 MPa。爆源附近的煤岩体因受高温高压的作用而压实，强大的压力作用结果，使爆破孔周围形成压应力场。压应力的作用使周围媒体产生压缩变形，使压应力场内的煤岩体产生径向位移，在切向方向上将受到拉应力作用，产生拉伸变形。由于煤岩的抗拉伸能力远远低于抗压能力，故当拉应变超过破坏应变值时，就会首先在径向方向上产生裂隙。在径向方向上，由于质点位移不同，其阻力也不同，因此，必然产生剪应力。如果剪应力超过煤岩的抗剪强度，则产生剪切破坏，产生径向剪切裂隙。此外，爆炸是一个高温高压的过程，随着温度的降低，原来由压缩作用而引起的单元径向位移，必然在冷却作用下使该单元产生向心运动，于是单元径向呈拉伸状态，产生拉应力。当拉应力大于煤岩体的抗拉强度时，煤岩体将呈现拉伸破坏，从而在切向方向上形成拉伸裂隙，钻孔附近形成了破碎带和裂隙带。

另外，由于钻孔附近的破碎带和裂隙带的影响，破坏了煤岩体的整体性，使周围的煤岩体由原来的三向受力状态变为双向受力状态，靠近工作面时又变为单向受力状态，从而使煤岩体的抗压强度大为降低，在顶板超前支承压力作用下，增大了煤岩的破碎程度，采煤机的切割阻力减小，加快了割煤速度，从而起到了松动煤体的作用。

2. 不耦合装药的机理

利用耦合装药（即药包和孔壁间有环状空隙），空隙的存在削减了作用在孔壁上的爆压峰值，并为孔间提供了聚能的临空，而削减后的爆压峰值不致使孔壁产生明显的压缩破坏，只切向拉力使炮孔四周产生径向裂纹，加之临空而聚能作用使孔间连线产生应力集中，孔间裂纹发展，而滞后的高压气体沿缝产生“气刀”劈裂作用，使周边孔间连线上裂纹全部贯通。

（二）安全要求

1. 凿岩

①凿岩前清除石方顶上的余渣，按设计位置清出炮孔位；

②凿岩人员应戴好安全帽，穿好胶鞋；

③凿岩应按本方案设计，对掏槽眼（辅助眼）、周边眼应根据孔距、排距、孔眼深和孔眼倾斜角进行操作；

④孔眼钻凿完毕后，应清除岩浆，并用堵塞物临时封口，以防碎石等杂物掉入孔内。

2. 装药

①本工程采用乳化装药，各单孔采用非电毫秒微差雷管，集中后由微差电雷管引爆；

②单孔药量和分药量，分段情况应按本设计方案进行，装药后应认真做好堵塞工作，留足堵塞长度，保证堵塞质量。

3. 起爆

①各单孔内分段和各单孔间分段应严格按设计施工，严禁混装和乱装。

②孔外电雷管均为串联连接，电雷管应使用同厂同批产品，连接前应用爆破欧姆表量测每只电雷管电阻值，并保证在±0.2的偏差内。

③起爆电雷管应用胶布扎紧，并将其短路后置于孔边，待覆盖完成后再次导通，并进行全网连接。

④网络连接后，应测出网路总电阻，并与计算值相比较，若差值不相符合，应查明原因，排除故障，防止错接、漏接。

⑤起爆电源若为直流电，则通过每只电雷管的电流不得小于2.5A，若为交流电则不少于4A。

⑥起爆前，网络连接好的爆破组线应短路并派专人看管，待警戒好后指挥起爆人员下达命令后方可接上起爆电源，下达起爆指令后方可充电起爆。若发生拒爆，应立即切断电源，并将组线短路；若使用延期雷管，应在短路不少于15 min方可进入现场，待查出原因，排除故障后再次起爆。

4. 警戒

做好安全警戒工作是保证安全生产的重要措施，所有警戒人员应听从警戒指导小组下达的指令，做好各警点的警戒工作。

具体的安全警戒措施如下：

①做好安民告示，向周围单位和居民送发爆破通知书，说明爆破及有关注意事项，并在明显地段张贴公安局、业主、施工单位联合发布的《爆破通知》；

②当爆破作业开始警戒时应吹哨，各警戒人员各就各位，通知工地所有人员撤离到爆破现场以外安全区；

③当起爆指挥员接到警戒员已做好警戒工作的通知，起爆员接到指令，应为吹三声长哨，开始充电，后再次吹三声短哨起爆；

④起爆后，应过 5 min 后，爆破作业员方可进入爆区检查爆破情况确认安全起爆无险情后，吹一声长哨解除警戒放行。

六、毫秒爆破

利用毫秒雷管或其他毫秒延期引爆装置，实现装药按顺序起爆的方法称为毫秒爆破。

毫秒爆破有以下主要优点：

①增强破碎作用，减小岩石爆破块度，扩大爆破参数，降低单位炸药消耗量。

②减小抛掷作用和抛掷距离，防止周围设备损坏，提高装岩效率。

③降低爆破产生的振动，防止对周围建筑物造成破坏。

④可以在地下有瓦斯的工作面内使用，实现全断面一次爆破，缩短爆破作业时间，提高掘进速度，并有利于工人健康。

七、水下爆破

水下爆破，指在水中、水底或临时介质中进行的爆破作业。水下爆破常用的方法有裸露爆破法、钻孔爆破法以及洞室爆破法等。水下爆破原理就是利用乳化炸药爆炸时产生的爆轰现象，主要由其中的冲击波能（冲击破坏）和高能量密度气体（能产生破坏力极强的气泡脉动效应）所产生的剧烈破坏作用将船体钢板和结构破坏。爆破工程的主要材料是炸药，炸药是易燃易爆物品，在特定条件下，其性能是稳定的，储存、运输、使用时也是安全的。进行爆破作业时，最重要的是怎样使效率提高、完全发生爆炸并且能安全进行操作。

水下爆破原理就是利用乳化炸药爆炸时产生的爆轰现象，主要由其中的冲击波能（冲击破坏）和高能量密度气体（能产生破坏力极强的气泡脉动效应）所产生的剧烈破坏作用将船体钢板和结构破坏，达到能清理沉船的目的。

爆破工程的主要材料是炸药，炸药是易燃易爆物品，在特定条件下，其性能是稳定的，储存、运输、使用时也是安全的。进行爆破作业时，最重要的是怎样使效率提高、完全发生爆炸并且能安全进行操作。参与爆破工程施工作业人员应当要掌握、熟悉所用炸药的性能，在适合的炸药中选择最便宜的炸药，熟悉掌握爆破技术的理论，用最合适的方法进行作业，参与爆破工程施工作业人员应当遵守法律所规定的安全规则，从而积极地按照实际情况进行安全操作。

任何工程，都是以安全第一为目标。所以在现场使用炸药和接触炸药的人员，在从事操作过程中首先必须事事考虑的是安全第一，尽量避免或杜绝爆炸事故的发生。

需要爆破的介质自由面位于水中的爆破技术，主要用于河床和港口的扩宽加深、清除暗礁，水下构筑物的拆除、水下修建隧洞的进水口（见岩塞爆破）等。水下爆破和陆地爆破的原理大致相同，但因水的不可压缩性以及压力、水深、流速的影响，它又具有许多特点，要求爆破器材具有良好的抗水性能，在水压作用下不失效，并不过分降低其原有性能；由于水的传爆能力较大，在爆破参数设计时要注意殉爆影响；施工方法上必须考虑水深、流速、风浪的影响，钻孔定位、操作、装药、连接爆破网路要做到准确可靠都较困难；水能提高裸露药包的破碎效果，但炸药的爆炸威力随水深、水压的增加而降低，爆破效果较差；在等量装药的情况下，水下爆破产生的地震波比陆地爆破要大，水中冲击波的危害较突出。

（一）水下爆破工程作业流程

水下爆破是一项复杂的工程，涉及的因素很多，诸如天气、海水能见度、海潮状况、水流状态、水下作业深度等，特别是爆炸物品均储放在作业船上，其安全性尤为重要。因此，进行水下爆破作业时必须严格按照制定的安全规则、作业方案、海情状况进行爆破作业。

（二）水下爆破作业流程

1. 资质的审核

立项做水下爆破工程时，首先要对承接爆破作业单位和其工程技术人员的资格进行资质审核（该项工作需要工程甲方单位协助到当地公安部门进行审核），并办理水下爆破工程的相关手续，只有在当地公安部门（县、市级）批准的情况下，才能实施水下爆破工程。在通航的海域进行水下爆破时，一般应在三天之前由港监发布爆破施工通告。

2. 探摸

在实施水下爆破工程前，首先要了解须爆破清除船只的有关具体情况（沉船的结构参数、沉船姿态、所处水深、淤泥掩埋状况、沉船海域的海况等一系列相关情况）。

3. 制订爆破方案

根据潜水员的水下探摸情况及对清航的要求，制订出切实可行的爆破方案。方案中包括工程所需的爆破器材的需求量和品种、爆破指挥机构和作业人员的组成（包括在爆破技术专业人员指导下参与工作的甲方人员）及分工、安全作业规则等。

4. 采购爆炸器材

到当地公安部门批准的单位（指定的商业部门和工厂）预订或采购定制爆破器材（主要是根据水深定制生产相适合的炸药）。爆破器材到位后，应将所有的爆破器材按其功能和危险等级分别放置在作业船舶规定的安全区域内（炸药可以码放在甲板上，并用苫布盖好，起爆器材放到距离炸药安全距离外的专用船舱内的可锁铁皮柜子内），炸药和起爆器材必须严格分离存放，其距离必须符合规定的安全距离之外。

5. 爆破作业前的准备工作

到达作业海域后，作业船舶应在有利于爆破作业（探摸和下炸药）的地方定位抛锚停泊。根据爆破方案准备爆破器材（甲方人员可以在爆破技术专业人员的指导下协助捆扎炸药条和其他的准备工作）；按爆破方案潜水员进行水下探摸及布设炸药前期的其他准备工作（比如，对布放炸药线路上的船体钢板进行电焊打孔，安放捆扎固定炸药条的物品、安置布设炸药网络的标志物等）。

6. 布放炸药作业

在完成所有爆破作业前的准备工作后（尤其是要了解作业海域的天气是否能连续作业多天的可行性。因为一旦布放了炸药就要在最短的时间内进行爆破，炸药长时间在水下浸泡将影响炸药的性能甚至完全失效，这一点非常重要），才能实施布放炸药的作业。布放炸药时，必须严格按照爆破专业技术人员制定的工艺要求进行布放；炸药布放完毕后，须指派有经验的潜水员对安放的炸药进行复查（主要检查炸药条是否按要求进行布放、捆绑；有无漏捆、断接的地方；炸药网络“T”字形处炸药的搭接方向是否一致等重要部位的情况），在潜水员出水报告布放的炸药达到作业规定要求后，才能安放最终起爆装置（起爆头）实施爆破作业。

7. 点火起爆

作业母船驶离爆破作业点并在安全距离之外巡海等候，爆破现场只留执行爆破点火作业的小船，小船上只留有必要的作业人员。作业母船按照有关规定在爆破海域施放警报，瞭望巡视附近海面确无其他船只航行时，工程总指挥方能下令点火作业人员实施起爆作业。

8. 清除油污

爆破作业实施后，作业母船返回作业地点，如果作业海域有油污的话，则首先须进行油污清除工作。

9. 探摸爆炸效果

等作业海域的海况符合作业条件后（主要指海水能见度达到一定的清晰度），派潜水员下水对爆破效果进行探摸（爆破后沉船体将产生许多锋利破碎钢板，为确保潜水员的安全，严禁重潜人员下水探摸！探摸任务应由背气瓶的轻潜人员担任）。

10. 再次爆破的准备或收工撤场

根据潜水员的探摸情况，制订出下一步的方案：①须进行再次爆破，则须制订出下一步的爆破方案，进行下一轮的爆破准备工作；②已完成爆破工程任务则收工撤离现场返回基地港口。

（三）水下爆破的安全规则

炸药是易燃易爆物品，在特定条件下，其性能是稳定的，储存、运输、使用时也是安全的。由于水下爆破工程的特殊性，爆破器材一般集中存放在作业船上指定的安全区域（炸药和起爆器材必须严格分别放置在规定的安全距离之外），不排除意外的爆炸事件也会发生。所以，安全工作特别重要，为确保作业人员和作业船舶的安全，在实施爆破工程过程中，必须严格按照有关的安全规则进行爆破作业。

①装载爆破器材的船舶的船头和船尾要按规定悬挂危险品标志，夜间和雾天要有红色安全灯。

②遇浓雾、大风、大浪无法作业驶回锚地时，停泊地点距其他船只和岸上建筑物不少于250~500 m。

③从装药条开始至爆破警报解除的时间内，作业母船需要加强瞭望、注意过往船舶的航向，防止无关船只误入危险区，过往船只不得进入爆破危险区域或靠近爆破作业船。

④爆破器材必须按照其功能和危险等级分别存放，与爆破器材无关的杂物不得共同存放。在存放炸药的甲板区域，不得有尖锐的突出物。炸药必须码放整齐并用苫布苫盖，严禁任何人员在该区域抽烟和其他的明火作业。

⑤潜水爆破工程作业时，尤其是在海上作业，为确保作业安全，起爆装置必须采用非电起爆系统。起爆系统必须由专业人员制作，必须放置在离炸药安全距离之外的专用舱室内的可锁铁皮柜子内，由爆破技术专业人员保管。

⑥在水下布设炸药作业时、完成后，禁止进行电氧切割、电焊或其他与爆破无关的水下作业。

⑦必须使用锋利的刀具切割导火索、导爆索，严禁使用钝的刀具进行切割作业。

⑧起爆点火作业船上的人员，作业时必须穿好救生衣，禁止无关人员乘坐起爆点火作业船只。

⑨导火索必须使用暗火（如香烟）或专用点火器具进行点火作业。

⑩盲炮应及时处理，遇有难处理而又危及航行船舶安全的盲炮，应延长警戒时间，继续处理直至排除盲炮。

⑪炸药和起爆器材严禁重摔、拍砸；用于深水区域的爆破器材必须具有足够的抗压性能，或采取有效的抗压措施（起爆器材必须密封防水）；传爆网络的塑料导爆管严禁有打结、压扁、表皮划破、拉抻变细等现象；爆破工程完成后的剩余爆破器材，必须采用适当的方式进行销毁处理，炸药严禁带回作业船舶的基地港口。

第五节　爆破器材

爆破器材（demolition equipments and materials）是用于爆破的炸药、火具、爆破器、核爆破装置、起爆器、导电线和检测仪表等的统称。

一、炸药

常用的有梯恩梯、硝铵炸药、塑性炸药等。为便于使用，可制成各种不同规格的药块、药柱、药片、药卷等。

二、火具

包括导火索、导爆索、导爆管、雷管、电雷管、拉火管、打火管等。

三、爆破器

有爆破筒、爆破罐、单人掩体爆破器、炸坑爆破器、火箭爆破器等，它们是根据不同用途专门设计制造的制式爆破器材，如爆破筒主要用于爆破筑城工事和障碍物；爆破罐和炸坑爆破器主要用于破坏道路、机场跑道、装甲工事和钢筋混凝土工事及构筑防坦克陷坑等；单人掩体爆破器供单兵随身携带，用于构筑单人掩体；火箭爆破器主要用于在障碍物中开辟通路。核爆破装置，通常是由一个弹头（核装药）和控制装置组成，主要用于爆破大型目标和制造大面积障碍等。

四、起爆器

有普通起爆器（即点火机）和遥控起爆器。普通起爆器是一种小型发电机，有电容器式和发电机式两种，用于给点火线路供电起爆电雷管。遥控起爆器用于远距离遥控起爆装药，主要有靠发送无线电波或激光引爆地面装药的遥控起爆器和靠发送声波引爆水中装药的遥控起爆器等。

五、导电线

有双芯和单芯工兵导电线，用于敷设电点火线路。

六、检测仪表

主要有欧姆表（工作电流不大于 30mA），用于导通或精确测量电雷管、导电线和电点火线路的电阻，此外还有电流表、电压表等。为便于携带和使用，一些国家已将点火机和欧姆表组装成一个整体。

第六节　爆破安全控制

一、爆破安全保障措施

（一）技术措施

①方案设计：严格依据《爆破安全规程》中的有关规定，精心设计、精确计算并反复校核，严格控制爆破震动和爆破飞石在爆破区域以外的传播范围和力度，使其恒低于被保护目标的安全允许值以下，确保安全。

②施工组织：严格依据本设计方案中的各种设计计算参数进行施工，工程技术人员必须深入施工现场进行技术监督和指导，随时发现并解决施工中的各种安全技术问题，确保方案的贯彻和落实。

③针对爆破震动和爆破飞石对铁路、高压线的影响，在施工中从北侧开始进行钻孔并向北 90°钻孔，控制飞石的飞散方向；孔排距采用多打孔、少装药的方式进行布孔，控制单孔药量；填塞采用加强填塞方式，控制填塞长度；起爆方式采用单排逐段起爆方式，减小爆破震动；开挖减震沟，阻断地震波的传播。

（二）警戒和防护措施

爆破飞石的大规模飞散，虽然可以通过技术设计进行有效控制，但个别飞石的蹿出则难以避免，为防止个别飞石伤人毁物，将采取以下措施确保安全：

1. 设定警戒范围

以爆破目标为中心，以 300 m 为半径设置爆破警戒区，封锁警戒区域内所有路口，禁止车辆和行人通过（和交通管理部门进行协调，由交警进行临时道路封闭）。

2. 密切和业主之间的协调工作

划定统一的爆破时间，利用各个施工作业队中午休息的时间进行爆破施工，尽量排除爆破施工对其他施工队的影响。

3. 爆破安全警戒措施

①爆破前所有人员和机械、车辆、器材一律撤至指定的安全地点。安全警戒半径，室内 200 m，室外 300 m。

②爆破安全警戒人员，每个警戒点甲、乙双方各派一人负责。警戒人员除完成规定的警戒任务外，还要注意自身安全。

③爆破的通信联络方式为对讲机双向联系。

④爆破完毕后，爆破技术人员对现场检查，确认无险情后，方可解除警戒。

⑤爆破提前通知，准时到位，不得擅自离岗和提前撤岗。

⑥统一使用对讲机，开通指定频道，指挥联络。

⑦各警戒点、清场队、爆破人员要准确清楚迅速报告情况，遇有紧急情况和疑难问题要及时请示报告。

⑧各组人员要认真负责，服从命令听指挥，不得疏忽遗漏一个死角，确保万无一失，在执行任务中哪一个环节出了差错或不负责任引起后果，要追究责任，严肃处理。

4. 装药时的警戒

装药及警戒：装药时封锁爆破现场，无关人员不得进入。

装药警戒距离：距爆破现场周围 100 m，具体由爆破公司负责。

（三）组织指挥措施

爆破时的人员疏散和警戒工作难度大，为统一指挥和协调爆破时的安全工作，拟成立一个由建设单位、施工单位共同参加的现场临时指挥部，负责全面指挥爆破时的人员撤离、车辆疏散、警戒布置、相邻单位通知及意外情况处理等安全工作，指挥部的机构设置如下：

（四）炸药、火工品管理

1. 炸药、火工品运输

雷管、炸药等火工品均由当地民爆公司按当天施工需要配送至爆破现场。

2. 炸药、火工品保管

炸药等火工品运到爆破现场后，由两名保管员看管。装药开始后，由专人负责炸药、火工品的分发、登记，各组指定人员专门领取和退还炸药、火工品，分发处设立警戒标志。

由专人检查装药情况，专人统计爆炸物品实用数量和领用数量是否一致。

装药完毕，剩余雷管、炸药等火工品分类整理并由民爆公司配送返回仓库。

3. 炸药、火工品使用

①严格按照《爆破安全规程》管理部门要求和设计执行。

②各组由组长负责组织装药。

③现场加工药包，要保管好雷管、炸药，多余的火工品由专人退库。

④向孔内装填药包，用木质填塞棒将药包轻轻送入孔底，填土时先轻后重，力求填满捣实，防止损伤脚线。

二、事故应急预案

结合本工程的施工特点，针对可能出现的安全生产事故和自然灾害制订本工程施工安全生产应急预案。

（一）基本原则

①坚持“以人为本，预防为主”，针对施工过程中存在的危险源，通过强化日常安全管理，落实各项安全防范措施，查堵各种事故隐患，做到防患于未然。

②坚持统一领导，统一指挥，紧急处置，快速反应，分级负责，协调一致的原则，建立项目部、施工队、作业班组应急救援体系，确保施工过程中一旦出现重大事故，能够迅速、快捷、有效地启动应急系统。

（二）应急救援领导组职责

应急救援协调领导组是项目部的非常设机构。负责本标段施工范围内的重大事故应急救援的指挥、布置、实施和监督协调工作，及时向上级汇报事故情况，指挥、协调应急救援工作及善后处理，按照国家、行业和公司、指挥部等上级有关规定参与对事故的调查处理。

应急救援领导小组共设应急救援办公室、安全保卫组、事故救援组、医疗救援组、后勤保障组、专家技术组、善后处理组、事故调查处理组等八个专业处置组。

（三）突发事故报告

1. 事故报告与报警

施工中发生重特大安全事故后，施工队迅速启动应急预案和专业预案，并在第一时间内向项目经理部应急救援领导小组报告，火灾事故同时向119报警。报告内容包括事故发生的单位、事故发生的时间、地点，初步判断事故发生的原因，采取了哪些措施及现场控制情况，所需的专业人员和抢险设备、器材、交通路线、联系电话、联系人姓名等。

2. 应急程序

①事故发生初期，现场人员采取积极自救、互救措施，防止事故扩大，指派专人负责引导指挥人员及各专业队伍进入事故现场。

②指挥人员到达现场后，立即了解现场情况及事故的性质，确定警戒区域和事故应急救援具体实施方案，布置各专业救援队任务。

③各专业咨询人员到达现场后，迅速对事故情况做出判断，提出处置实施办法和防范措施；事故得到控制后，参与事故调查及提出整改措施。

④救援队伍到达现场后，按照应急救援小组安排，采取必要的个人防护措施，按各自的分工开展抢险和救援工作。

⑤施工队严格保护事故现场，并迅速采取必要措施抢救人员和财产。因抢救伤员，防止事故扩大以及疏通交通等原因需要移动现场时，必须及时做出标志、摄影、拍照、详细记录和绘制事故现场图，并妥善保存现场重要痕迹、物证等。

⑥事故得到控制后，由项目经理部统一布置，组织相关专家、相关机构和人员开展事故调查工作。

参考文献

[1] 潘晓坤，宋辉，于鹏坤．水利工程管理与水资源建设［M］．长春：吉林人民出版社，2022.

[2] 屈凤臣，王安，赵树．水利工程设计与施工［M］．长春：吉林科学技术出版社，2022.

[3] 吴伟民．水利工程概论［M］．2 版．北京：中国水利水电出版社，2022.

[4] 钟菊英，刘建芬，舒建．水利工程 CAD［M］．北京：中国水利水电出版社，2022.

[5] 李宗权，苗勇，陈忠．水利工程施工与项目管理［M］．长春：吉林科学技术出版社，2022.

[6] 宋宏鹏，陈庆峰，崔新栋．水利工程项目施工技术［M］．长春：吉林科学技术出版社，2022.

[7] 丁亮，谢琳琳，卢超．水利工程建设与施工技术［M］．长春：吉林科学技术出版社，2022.

[8] 李战会．水利工程经济与规划研究［M］．长春：吉林科学技术出版社，2022.

[9] 白洪鸣，王彦奇，何贤武．水利工程管理与节水灌溉［M］．北京：中国石化出版社有限公司，2022.

[10] 赵黎霞，许晓春，黄辉．水利工程与施工管理研究［M］．长春：吉林科学技术出版社，2022.

[11] 赵静，盖海英，杨琳．水利工程施工与生态环境［M］．长春：吉林科学技术出版社，2021.

[12] 曹刚，刘应雷，刘斌．现代水利工程施工与管理研究［M］．长春：吉林科学技术出版社，2021.

[13] 谭荣伟．水利工程 CAD 绘图快速入门［M］．2 版．北京：化学工业出版社，2021.

[14] 庞璐，沈蓓蓓，李炽岚．水利工程制图［M］．4 版．北京：中国水利水电出版社，2021.

[15] 许明丽．水利工程造价与招投标［M］．北京：中国水利水电出版社，2021.

[16] 项宏敏，侯志金．水利工程隧洞施工技术［M］．北京：中国水利水电出版

社，2021.

[17] 李林，姚宝林，刘坤．水利工程虚拟仿真技术［M］. 南京：河海大学出版社，2021.

[18] 王红旗．水利工程防汛抢险实用手册［M］. 北京：中国水利水电出版社，2021.

[19] 严力蛟，蒋子杰．水利工程景观设计［M］. 北京：中国轻工业出版社，2020.

[20] 张子贤，王文芬．水利工程经济［M］. 北京：中国水利水电出版社，2020.

[21] 刘勇，郑鹏，王庆．水利工程与公路桥梁施工管理［M］. 长春：吉林科学技术出版社，2020.

[22] 林雪松，孙志强，付彦鹏．水利工程在水土保持技术中的应用［M］. 郑州：黄河水利出版社，2020.

[23] 王锋峰，陈德令，黄海燕．水利工程概论［M］. 天津：天津科学技术出版社，2020.

[24] 崔洲忠．水利工程管理［M］. 长春：吉林科学技术出版社，2020.

[25] 崔永玲，刘丽．水利经济与水利工程管理［M］. 沈阳：辽海出版社，2020.

[26] 陈邦尚，白锋．水利工程造价［M］. 北京：中国水利水电出版社，2020.

[27] 李海光，陈惠达，陈远兵．水利工程施工管理现状与对策［M］. 长春：吉林科学技术出版社，2020.

[28] 夏祖伟，王俊，油俊巧．水利工程设计［M］. 长春：吉林科学技术出版社，2020.

[29] 赵建祖，姜亚，付亚军．水利工程施工与管理［M］. 哈尔滨：哈尔滨地图出版社，2020.

[30] 孙玉玥，姬志军，孙剑．水利工程规划与设计［M］. 长春：吉林科学技术出版社，2019.

[31] 刘春艳，郭涛．水利工程与财务管理［M］. 北京：北京理工大学出版社，2019.

[32] 张云鹏，戚立强．水利工程地基处理［M］. 北京：中国建材工业出版社，2019.

[33] 高喜永，段玉洁，于勉．水利工程施工技术与管理［M］. 长春：吉林科学技术出版社，2019.

[34] 牛广伟．水利工程施工技术与管理实践［M］. 北京：现代出版社，2019.

[35] 刘景才，赵晓光，李璇．水资源开发与水利工程建设［M］. 长春：吉林科学技术出版社，2019.

[36] 贺芳丁，刘荣钊，马成远．水利工程施工设计优化研究［M］. 长春：吉林科学技术出版社，2019.